U0143226

十字路口的科学

Science at Crossroad

Papers presented to the International Congress of
the History of Science and Technology held in London

第二届国际科学技术史大会论文集

苏联代表团

〔苏联〕尼古拉·伊万诺维奇·布哈林

〔苏联〕亚伯拉罕·费多尔维奇·约费

〔苏联〕鲍里斯·米哈伊洛维奇·赫森

等著

唐文佩 译

北京大学出版社
PEKING UNIVERSITY PRESS

图书在版编目（CIP）数据

十字路口的科学 /（苏联）尼古拉·伊万诺维奇·布哈林
等著；唐文佩译. —北京：北京大学出版社，2023.9
（北京大学科技史与科技哲学丛书）
ISBN 978−7−301−34145−2

Ⅰ.①十…　Ⅱ.①尼…②唐…　Ⅲ.①科学史学－文集
Ⅳ.①N09−53

中国国家版本馆 CIP 数据核字（2023）第 119561 号

书　　　名	十字路口的科学	
	SHIZI LUKOU DE KEXUE	
著作责任者	[苏联] 尼古拉·伊万诺维奇·布哈林 等著　唐文佩 译	
责 任 编 辑	张晋旗　田　炜	
标 准 书 号	ISBN 978−7−301−34145−2	
出 版 发 行	北京大学出版社	
地　　　址	北京市海淀区成府路 205 号　100871	
网　　　址	http://www.pup.cn　新浪微博 @ 北京大学出版社	
电 子 邮 箱	编辑部 wsz@pup.cn　总编室 zpup@pup.cn	
电　　　话	邮购部 010−62752015　发行部 010−62750672	
	编辑部 010−62750577	
印 刷 者	三河市博文印刷有限公司	
经 销 者	新华书店	
	650 毫米 ×980 毫米　16 开本　20.25 印张　217 千字	
	2023 年 9 月第 1 版　2023 年 9 月第 1 次印刷	
定　　　价	79.00 元	

"北京大学科技史与科技哲学丛书"总序

科学技术史(简称科技史)与科学技术哲学(简称科技哲学)是两个有着紧密的内在联系的研究领域,均以科学技术为研究对象,都在20世纪发展成为独立的学科。科学哲学家拉卡托斯说得好:"没有科学史的科学哲学是空洞的,没有科学哲学的科学史是盲目的"。北京大学从20世纪80年代开始在这两个专业招收硕士研究生,90年代招收博士研究生,但两个专业之间的互动不多。如今,专业体制上的整合已经完成,但跟全国同行一样,面临着学科建设的艰巨任务。

中国的"科学技术史"学科属于理学一级学科,与国际上通常将科技史列为历史学科的情况不太一样。由于特定的历史原因,我国科技史学科的主要研究力量集中在中国古代科技史,而研究队伍又主要集中在中国科学院下属的自然科学史研究所,因此,在20世纪80年代制定学科目录的过程中,很自然地将科技史列为理学学科。这种学科归属还反映了学科发展阶段的整体滞后。从国际科技史学科的发展历史看,科技史经历了一个由"分科史"向"综合史"、由理学性质向史学性质、由"科学家的科学史"向"科学史家的科学史"的转变。西方发达国家大约在20世纪五六十年代完成了这种转变,出现了第一代职业科学史家。而直到 20 世纪末,我国科技史界提出了学科再建制的口号,才把上述"转变"提上日程。在外部制度建设方面,再建制的任务主要是将学科阵地由中国科学院自然科学史研究所向其他机构特别是高等院校扩展;在内部制度建设方面,再建制的任务是由分科史走向综合史,由学科内史走向思想史与社会史,由中国古代科技史走向世界科技史。

科技哲学的学科建设面临的是另一些问题。作为哲学二级学科的"科技哲学"过去叫"自然辩证法",但从目前实际涵盖的研究领域来看,它既不能等同于"科学哲学"(Philosophy of Science),也无法等同于"科学哲学和技术哲学"(Philosophy of Science and of Technology)。事实上,它包罗了各种以"科学技术"为研究对象的学科,比如科学史、科学哲学、科学社会学、科技政策与科研管理、科学传播等。过去 20 多年来,以这个学科的名义所从事的工作是高度"发散"的:以"科学、技术与社会"(STS)为名,侵入了几乎所有的社会科学领域;以"科学与人文"为名,侵入了几乎所有的人文学科;以"自然科学哲学问题"为名,侵入了几乎所有的理工农医领域。这个奇特的局面也不全是中国特殊国情造成的,首先是世界性的。科技本身的飞速发展带来了许多前所未有但又是紧迫的社会问题、文化问题、哲学问题,因此也催生了许多边缘学科、交叉学科。承载着多样化的问题领域和研究兴趣的各种新兴学科,一下子找不到合适的地方落户,最终都被归到"科技哲学"的门下。虽说它的"庙门"小一些,但它的"户口"最稳定,而在我们中国,"户口"一向都是很重要的,学界也不例外。

研究领域的漫无边际,研究视角的多种多样,使得这个学术群体缺乏一种总体上的学术认同感,同行之间没有同行的感觉。尽管以"科技哲学"的名义有了一个外在的学科建制,但是内在的学术规范迟迟未能建立起来。不少业内业外的人士甚至认为它根本不是一个学科,而只是一个跨学科的、边缘的研究领域。然而,没有学科范式,就不会有严格意义上的学术积累和进步。中国的"科技哲学"界必须意识到:热点问题和现实问题的研究,不能代替学科建设。唯有通过学科建设,我们的学科才能后继有人;唯有加强学科建设,我们的热点问题和现实问题研究才能走向深入。

如何着手"科技哲学"的内在学科建设?从目前的状况看,科技哲学界事实上已经分解成两个群体,一个是哲学群体,一个是社会学群体。前者大体关注自然哲学、科学哲学、技术哲学、科学思想史、自然科学哲学问题等,后者大体关注科学社会学、科技政策与科研管理、科学的社会研究、"科学、技术与社会"(STS)、科学学等。学科建设首先要顺应这一分化的大局,在哲学方向和社会学方向分头进行。

本丛书的设计,体现了我们把西方科学思想史和中国近现代科学社会史作为我们科技史学科建设的主要方向,把"科技哲学"主要作为哲学学科来建设的基本构想。我们将在科学思想史、科学社会史、科学哲学、技术哲学这四个学科方向上,系统积累基本文献,分层次编写教材和参考书,并不断推出研究专著。我们希望本丛书的出版能够有助于推进我国科技史和科技哲学的学科建设,也希望学界同行和读者不吝赐教,帮助我们出好这套丛书。

吴国盛

2006 年 7 月于燕园四院

编者按

40 年前，第二届国际科学技术史大会在伦敦举行。1931 年的大会被全球性的危机所笼罩。它很容易被忽视，但却注定要成为科学史学的一个里程碑，并给一些最有前途的年轻与会者留下深刻而不可磨灭的印象。一支来自苏联的庞大代表团出人意料地出现，向西方历史学家们（对于许多人来讲是首次）介绍了马克思主义将社会和经济因素视为科学技术发展要素的一贯处理方式。凭借《十字路口的科学》（*Science at the Cross Roads*）的出版，这些观点的集体影响引发了一场史学辩论，今天在许多方面仍有意义。

多年来，此书已经绝版，几乎无法获得。1971 年 8 月在莫斯科举行的第十三届国际科学技术史大会，为重印和反思这部影响力持续了 40 年的作品提供了一个天然的契机。通过这本书的"引言"，我们汇集了大会最杰出的与会者的思考，以及一位年轻历史学家的新研究和新诠释。当下，科学史学正进行着紧锣密鼓的重新评估，在社会的语境中研究科学引起了广泛的国际关注。今天此书的读者们需要自己判断这些观点的优劣之处。正是在这种重新评估的背景之下，1931 年的论文集仍然具有指导性的作用。

序 言

李约瑟（Joseph Needham），英国皇家学会会员
剑桥大学凯斯学院教师

本文集使以布哈林为首的苏联代表团提交给第二届国际科学技术史大会的一组论文得以再次面世。当年，苏联外文出版社克尼加（Kniga）以《十字路口的科学》为名将论文结集出版，曾以文集的形式流传了一段时间，但该文集很快就绝版了且长期以来都十分稀少。作为那次大会参加者中为数不多的健在者，我很高兴为这本再版书作序。

这次大会召开的时间，于我而言特别重要。1931年，我的三卷本《化学胚胎学》（*Chemical Embryology*）出版，书的第一卷包含了从古代到19世纪初的胚胎学史研究。这是我研究生物化学如何影响形态学和发育学的开端。在着手这一历史研究时，我结识了查尔斯·辛格（Charles Singer）和多萝西娅·辛格（Dorothea Singer），我和妻子与辛格夫妇保持了长久的友谊，直到前几年他们去世。我们经常一起在伦敦——后来在康沃尔的基尔马斯小镇度过周末或整个星期。

这样，我有幸可以使用查尔斯·辛格那美妙的个人图书馆，图书馆在优美的环境中俯瞰着圣奥斯特尔湾，对此我一直想要答谢他的恩惠，比如把1934年出版的《胚胎学史》（*A History of Embryology*）单行本献给他。因此，我很自然地参加了1931年在伦敦召开的国际大会；在政治上我已经处于左翼阵营很长时间了，已经准备好了同情地听取苏联代表团的发言，他们都是人们意料之外的重量级人物。我对大多参会人员的情况已记不清了，但历历在目的一个情节是，当苏联人的发言超过了规定的20分钟时，作为会议主席的查尔斯·辛格不断地摇一个大船铃以设法打断他们。他们当然希望可以讲上几个小时。

viii   苏联人的论文中最杰出的一篇恐怕就是鲍里斯·赫森的了，他以艾萨克·牛顿为分析对象，对马克思主义科学编史学做出了充分而经典的陈述。传统科学史的范式认为，如此伟大的天才不可能受到外界环境的影响，当然也不可能下意识地迎合17世纪新兴资产阶级的社会需要。按照传统的思想，提出这样一种想法几乎是一种亵渎神灵的行为，无论如何是应该受到谴责的。然而，赫森通过对牛顿案例的全面研究，发表了名副其实的马克思主义科学外史论宣言，尽管说错了一些名字，搞错了一些细节。似乎牛顿并不是生活在真空中，他已经认识到他所处的早期资本主义社会的实际需要，那些他所感兴趣的恰恰是应用数学、流体力学、航海、弹道学、力学、冶金等领域里亟须找到解决方案和新开端的地方，不论它们把他带向遥远的天体，还是将他囿于神学思想的桎梏。这篇论文虽略显粗糙生硬，但在随后的 40 年内产生了巨大的影响，这种影响也许至今仍未消退，因此它的再版将受到欢迎。我已经记不清楚当赫森演讲时我是否在听众席上，尽管我认为我在场；无论怎样，在他与他的划时代演讲稿扬名之前，他肯定受到了铃声的限制。

毫无疑问，外史论和内史论的争论在很长一段时间内仍将继续，外史论觉得他们可以发现社会结构和社会变迁对科学和科学思想的深刻影响，而与此相反，内史论则仅喜欢按照一种由来源神秘的智力巨人推动的内在逻辑进行思考。随着大量对数学、科学、技术和医学的深入研究出现在伟大的非欧文明中，争论似乎更加尖锐了，因为需要就前 14 个世纪里一直领先于欧洲的中国和印度为什么没有产生出独特的现代科学的问题做出解释。在过去的 30 年里我本人一直从事这些领域的研究，我认为内史论的教条将遭遇重大挫折，其原因是"意识形态上层建筑"，或者用普通的英语来说，亚洲文明的智识体系、哲学体系、神学体系和文化体系不能承担起给予充分解释的重任。事实上，一些这样的思想体系，如道教和理学，看起来比任何欧洲思想，特别是基督教神学更加适合现代科学。因此研究中国文明、印度文明、阿拉伯文明和欧洲文明的所有社会和经济特征，并且看看，比如说禁止商人阶层进入国家权力机构在多大程度上可以解释伽利略的科学为何诞生在比萨（Pisa）[①] 而不

----

① 意大利西部城市。——译者注

是巴特那（Patna）^①或北京——这个任务将落在外史论的肩头。因此，赫森的号角声或许还具有引导年轻学者进行更丰富的历史分析的巨大价值，并且最终带来一种对东方和西方科学发展的主要动力和阻碍的更深入的理解，比他自己希望得更加精细和深奥。

除了赫森的论文，还有很多论文值得关注，现在也浮现在我的脑海中。布哈林的文章^②也是马克思主义立场的一个经典陈述，伟大的瓦维洛夫的那篇关于古代农业起源的令人难忘的论文依旧引人入胜。扎瓦多夫斯基那篇反对"还原论"，支持非蒙昧主义有机论——将之应用于生物的连续整合层面的论文对30年代的理论生物学家也影响甚大。他写道："科学研究的真正任务不是对生物因素和物理因素进行粗暴识别，而是发现具有定性特征的控制原则（这些控制原则是描述每个特定现象的主要特征）和找到适合于研究对象的研究方法的能力。"^③换言之，复杂体和组织，无论是物理的、化学的、生物的还是社会的，其每一个层次都必须在相关的层次上进行研究，并在那里找到适当的规律性——然后只有通过研究这些层次之间的关系，才能将意义引入整体。例如，我们关于孟德尔遗传法则的知识不必等到核蛋白分子机制的阐释，尽管后者会极大地增加我们对整体的理解。最后，科尔曼的讨论也引起了数学家们的广泛

---

① 印度东北部城市。——译者注
② 《辩证唯物主义视角下的理论与实践》。——译者注
③ 详见本书第112页。——译者注

兴趣。

在这样的一篇序言中，很难忽略的一个悲惨事实是这些代 　x
表中的大多数在会后几年内就销声匿迹了，正如可怕的法则所
言的那样："一切革命都吞噬它们自己的孩子"。且不说著名的
政治领袖布哈林，据我们所知，就连哈姆雷特式的人物——赫
森，在伦敦会议之后也几乎再没发表过任何东西，有人猜测他
成了斯大林"不法行为"的受害者。我们知道这样的事情曾经
发生在遗传学家瓦维洛夫身上，他在李森科主义大行其道时惨
遭杀害。因此，当1965年我在华沙和克拉科夫召开的第十一届
国际科学技术史大会上再一次遇见科尔曼教授时，真是倍感欣
喜——他安然无恙，虽然他也经受了多年的危险和监禁。

因此，在这篇简短的序言中我向我们今天所有的苏联同事
致意，并且深切怀念他们的前辈对第二届国际科学技术史大会
所做的所有贡献，以此来结束我这寥寥数语，并向读者推荐此
重印本。

目　录

引　言

《十字路口的科学》在英国的反响

爱丁堡大学科学研究部　沃尔斯基（P. G. Werskey）讲师

《十字路口的科学》收录了 1931 年 6 月 29 日至 7 月 4 日苏
联代表团在伦敦举行的第二届国际科学技术史大会上的贡献。
大会第一天宣布将于周六（7 月 4 日）上午举行特别会议，以
介绍苏联人的研究论文，宣布这一决定后，随即又做出了出版
这本书的决定。在随后的五天里，参会代表们、翻译官和校对
员在苏联大使馆夜以继日地疯狂工作，以完成组委会提议的文
集。尽管没有足够的时间将翻译好的文章装订在一起，但仍以
单篇的形式供稿给周六的特别会议。十天后，《十字路口的科学》
以限量版的形式发行，其不地道的英语短语、错误的排版和行
间错位均显现了创作过程的匆忙。①

尽管这本书看起来并不专业，但毫无疑问，它是英国和苏

---

① 赫森的论文《牛顿〈原理〉的社会与经济根源》后来被印成单行本（悉尼，1946 年）。

联马克思主义史上的一份重要文献。在苏联方面，它代表了一群重要的管理者、哲学家和科学家在"大决裂"的关键时期对科学哲学和政治的集体立场。[①] 极具讽刺意味的是，他们的许多智识观点，不是在他们的祖国而是在英国被少数年轻的马克思主义学者所传播和扩展。其中，自然科学家最为热切地接受了《十字路口的科学》所包含的信息。对他们来说，这本书不仅标志着"对科学史进行新评估的起点"[②]，而且还表明"在混乱的资本主义框架内"[③]利用科学进行社会重建是不可能的。因此，他们在英国的政治和哲学反对者后来能够从这些陈述中推断出"参加 1931 年在伦敦举行的国际科学技术史大会的苏联代表团首先将反对纯科学和反对科学自由的运动带到了英国"[④]。

[①] 关于这段时期的苏联科学，我主要参照两部作品：约拉夫斯基：《苏联马克思主义与自然科学》（David Joravsky, *Soviet Marxism and Natural Science*, 1917—1932 [London,1961]）；格雷厄姆：《苏联科学院和共产党，1927—1932》（Loren R.Graham, *The Soviet Academy of Sciences and the Communist Party,* 1927—1932 [Princeton, 1967]）。

[②] 贝尔纳：《科学的社会功能》（J. D. Bernal, *The Social Function of Science*, [London, 1939; reprinted Cambridge, Mass., 1967]），第 406 页。

[③] 利维：《现代科学》（Hyman Levy, *Modern Science* [London, 1939]），第 97 页。

[④] 贝克和坦斯利：《关于科学自由的争议过程》（John R. Baker, A. G. Tansley, "The Course of the Controversy on Freedom in Science," *Nature*, 158 [October 26, 1946], 574）。后来的评论家用更中性的语言支持贝克和坦斯利。参见伍德：《共产主义与英国知识分子》（Neal Wood, *Communism and British Intellectuals* [London, 1959]), 特别是第 123—125 页。参见金：《科学与职业困境》（Michael D. King, "Science and the Professional Dilemma," in Julius Gould (ed.), *Penguin Social Sciences Survey 1968* [Harmondsworth, 1968]），第 57 页。

恰逢其时

尽管各方都认为，苏联人在这次大会期间确实产生了相当大的影响，但对于为什么会出现这种情况，没有人给出令人满意的解释。反马克思主义者认为，鉴于经济萧条，"1931 年的注意力自然集中在经济问题上，这种关注推动了特定的马克思主义学说……即所有科学进步实际上都是由经济原因决定的"[1]。然而，这种合理化既过于笼统又过于狭隘，因为它既不能解释经历过大萧条的绝大多数英国科学家从未考虑过马克思主义世界观，也没有理解早在 1931 年仲夏会议之前就有一些研究人员转向了马克思主义的复杂因素。毋庸置疑，左翼科学家们都很清楚后一点。正如海曼·利维后来所说："这些（苏联）代表一贯采取的立场以非凡的方式把过去一段时间以来在许多人心中酝酿的想法提炼了出来。"[2] 其中一篇非常具有启发性的论文是赫森的《牛顿〈原理〉的社会与经济根源》，它试图将 17 世纪的科学革命与资本主义的兴起联系起来。但必须说的是，青年马克思主义者似乎认为苏联人的贡献不仅体现了悠久的哲学传统，也体现了苏联未来科学发展的官方蓝图。最近的学术研究未能证实这些假设中的任何一个。[3] 因此，我们的分析必须从考

---

[1] 贝克和坦斯利：《关于科学自由的争议过程》，第 574 页。

[2] 利维：《现代科学》，第 97 页。

[3] 这个结论是基于我的博士论文《有形学院：英国左翼科学家的研究，1918—1939》（哈佛大学，正在写作中）的研究材料得到的。

量苏联科学界在大会之前的立场开始。

　　1929 年至 1932 年这段时期被描述为苏联科学家与政府之间关系的"大决裂"。在此之前，自然科学家很少受到政治限制，他们作为"资产阶级专家"的服务被认为对革命最初阶段是至关重要的。科学院是最后一个被改革的沙皇机构（1930 年），这象征着苏联科学在 20 世纪 20 年代大体上保持了机构自治。当然，关于科学的"无产阶级化"及其辩证法转变，当时是有很多争议的。然而，强调当代科学的辩证性质的"德波林派"哲学家（相对论、摩尔根主义遗传学等），最终得到了中央委员会的眷顾，至少在 1930 年之前是如此。[①]

　　然而，随着斯大林在 1929 年的权力巩固，苏联科学家的黄金期很快就结束了。此后不久，通过选举共产党员和政治上可靠的工业科学家和工程师（以前面向基础研究的院士被排除在外），科学院被"布尔什维克化"了；几个月后，该机构收到了一份新的委令状，使其成为国家官僚机构的正式组成部分。[②]"布尔什维克化"还表现为党内哲学家对"资产阶级"科学的新一轮攻击，要求老一辈科学家表达政治忠诚，并招募有才华的农民和工人加入科学精英的行列。因此，学术研究人员第一次被迫详细地为他们的工作辩护，以应对其要么反马克思主义，要么与第一个五年计划中规定的农业和工业目标的实现

　　① 关于德波林派－机械论的争论，见约拉夫斯基的《苏联马克思主义与自然科学》，第 93—214 页。

　　② 格雷厄姆：《苏联科学院和共产党，1927—1932》，第 120—153 页。

无关的指责。这种发展的纯粹效应是加强了官员和科学家对科学哲学基础和研究与国家生活关系的有意识讨论。[①]

对于一个建立在马克思列宁主义原则基础上的国家来说，xiv "科学"不可避免地要在政治事务中发挥突出作用。区分"科学"的社会主义和"空想"的社会主义是马克思著作的核心，恩格斯的科学主义则进一步强化了这一倾向。[②] 当然，列宁不仅对哲学而且对现代科学的应用也有着浓厚的兴趣。[③] 20 世纪 20 年代初，秉承着对科学精神的承诺，列宁除了对一个充满不同意见的科学家共同体采取包容政策外，还鼓励一些个人和机构从事现在可能被称为"科学学"的工作。直到"大决裂"，甚至包括"大决裂"的前几年，实验室均积极地开展泰勒主义"科学管理"实验、创造力的心理学研究、基于顶尖科学家家谱的优生学研究以及对促进或阻碍科学进步的社会条件的历史调查。事实上，斯大林主义早期的工业举措给科学理论家们带来了另一个问题，即学术事业和技术事业的整合问题。1931 年 4 月，在

---

① 大卫·霍洛威在他的文章《苏联的科学真理和政治权威》（David Holloway, "Scientific Truth and Political Authority in the Soviet Union," *Government and Opposition*, 5 [Summer 1970], 345-367）中就这个问题提出了一些有趣的观点。

② 当然，主要文本是恩格斯的《反杜林论》和他的《自然辩证法》。有关马克思主义对这些著作中科学主义倾向的批判，请参阅乔治·利希特海姆：《马克思主义：历史和批判研究》（George Lichtheim, *Marxism: An Historical and Critical Study* [New York, 2nd ed., 1965]），特别是第 234—258 页。

③ 参见列宁：《唯物主义和经验批判主义》（V. I. Lenin, *Materialism and Empiriocriticism* [Moscow, 1947]）。关于列宁对科学的兴趣，参见阿尔托博列夫斯基和切卡诺夫：《列宁与科学》（I. I. Artobolevsky, A. A. Chekanov, "V. I. Lenin and Science," *Scientific World*, 14 [1970], 4-6）。

第一次（也是最后一次）全联盟科学规划会议上科学发展的自我意识达到了顶峰。虽然苏联直到最近才跟进这些举措，但苏联已经在两个重要领域跃居世界前列："（1）承认科学是一种自然资源并收集有关它的数据；（2）对政府如何帮助科学发展提出合理的质疑。"[①]

这一关注直接推动了自 1928 年起用于科学研究的财政投入和人力资源呈指数级增长。

下表概述了几个特定领域的巨大扩张。

苏联科学技术相关扩张（1928—1934 年）

项目	1928 年	1932—1933 年
大学入学人数（人）	159757	469215（1933 年）
学位授予机构（个）	120	168（1933 年）
具有研究生学历的科学家（人）	1548	16500（1932 年）

经费预算（百万卢布）

	1928 年	1933—1934 年
科学院	3	25（1934 年）
地质学支出	10.5	140（1933 年）

来源：科罗尔（Alexander G. Korol），《苏联研究与发展：其组织、人员和资金》（*Soviet Research and Development: Its Organization, Personnel and Funds*, [Cambridge, Mass.,1965]）；平克维奇（A. Pinkevich），《苏联的科学与教育》（*Science and Education in the USSR*, [New York,1935]）。

另一方面，增加在政治层面的支持可使国家对学术活动产生更多影响。事实上，在一个决心废除等级分工的社会中，科

[①] 格雷厄姆，《苏联科学院和共产党，1927—1932》，第 62 页。

学与政治之间或"科学工作者"与无产阶级之间的这种区别必然被视为人为的和有害的。然而，将苏联科学家在这一时期的情况解释为类似李森科（Lysenko）在 20 世纪 40 年代末对遗传学的镇压是不合时宜的。虽然我们没有对 30 年代扩展的基础研究路线进行详细研究，但似乎除了遗传学家之外，大多数研究者都享有相当大的研究自由。[①]诸多偶然发生且基本上不可预见的干预事项，持续威胁着整个科学领域的发展。

正是在科学研究的这种空前增长、自我意识高涨和对未来不确定的氛围下，苏联决定派遣一支代表团参加第二届国际科学技术史大会。但为什么选择这次会议来宣传马克思主义下的科学成就，原因尚不清楚。虽然已经决定派至少一名代表（扎瓦多夫斯基 [Zavadovsky]）去伦敦参加会议一段时间，[②]但似乎直到最后一刻此决定才批准生效。的确，这些安排是如此仓促，以至于苏联代表团领队尼古拉·布哈林（Nikolai Bukharin）

xv

---

① 有关 20 世纪 30 年代末 40 年代初苏联科学的一般情况，请参阅阿什比：《苏联科学家》（Eric Ashby, *Scientist in Russia* [Harmondsworth, 1947]）。关于遗传学的早期危机，参见梅德韦杰夫：《李森科的兴衰》（Z. A. Medvedev, *The Rise and Fall of T. D. Lysenko* [New York, 1969]）。遗憾的是，我一直看不到大卫·乔拉夫斯基最近的《李森科事件》（David Joravsky, *The Lysenko Affair* [Cambridge, Mass., 1970]）。马克·亚当斯在他的《人口遗传学的建立：切特韦里科夫学派的贡献，1924—1934》（Mark B. Adams, "The Founding of Population Genetics: Contributions of the Chetverikov School, 1924—1934," *Journal of the History of Biology*, 1 [1968] 23-39）中很好地处理了苏联遗传学中一个重要子学科的发展。

② 扎瓦多夫斯基在大会原始日程中被列为发言人。

在飞往伦敦的飞机上时才发现自己把演讲稿留在了莫斯科！①

即便我们对苏联参会代表团的缘起一无所知，但我们至少应对八位代表的个人履历有所了解。布哈林显然是代表团中最有权势的人物。作为列宁在革命初期的挚友，他于 1929 年被斯大林以"右派"领袖的身份为由逐出政治局。尽管经历了政治挫折（他从未从中恢复过来），布哈林仍能在最高经济委员会工业研究部主任的岗位上发挥作用。②他推动了科学院的改革，并在 1929 年后成为科学院的首席专家。作为科学院知识史委员会（Commission on the History of Knowledge）和全联盟规划会议（All-Union Planning Conference）的主席，布哈林被马克思主义科学发展理论中提出的主要问题所吸引。③然而，1931 年之后，他无法继续活跃在这一领域。在斯大林时代最著名的清洗审判中，布哈林于 1938 年被处死。④

xvi 　代表团的其他四名成员，即鲍里斯·赫森（Boris Hessen，

---

① 克劳瑟：《与科学共舞五十年》（J. G. Crowther, *Fifty Years with Science* [London, 1970]），第 77 页。该书包含对苏联人抵达大会前后事件的最佳描述（第 76—80 页）。

② 在 20 世纪 30 年代初期，才华横溢的"右倾分子"在国家官僚机构中担任责任重大的职位并不罕见，特别是如果他们得到官方认可的上级之信任的话。感谢戴维斯（R. W. Davies）教授提供这一信息。

③ 除了他在本书中的文章外，请参阅布哈林在《马克思主义与现代思想》（N. I. Bukharin, *Marxism and Modern Thought* [London, 1935]）第 1—99 页的文章，也请注意约拉夫斯基的《苏联马克思主义与自然科学》中关于布哈林对当代科学理论开放性的评论（第 99—104 页）。

④ 参见卡特科夫：《布哈林的审判》（G. Katkov, *The Trial of Bukharin* [London, 1970]）。

苏联称 Gessen)、恩斯特·科尔曼（Ernst Colman）、扎瓦多夫斯基和米特克维奇（V. F. Mitkevich）[1]，都主要关注科学哲学。除米特克维奇之外，其他人都是"大决裂"之前的德波林派哲学家。赫森关于牛顿的文章在 1931 年的大会上引起了轰动，他在苏联国内以相对论的拥护者著称。赫森最初在约费（A. F. Joffe，苏联称 Ioffe）那里接受物理学习，他的职业生涯始于莫斯科大学自然科学史和自然科学哲学系（Department of the History and Philosophy of the Natural Sciences）。得益于德波林派对机械论派的胜利，赫森作为当代科学的权威解释者迅速在官方科学界崭露头角。直至 1934 年，尽管仍有党内哲学家们对爱因斯坦公式的马克思主义地位提出了零星的挑战，但赫森还是成功地为自己进行了辩护。此后，他便销声匿迹了，一般认为他死于 20 世纪 30 年代中期的一次大清洗。另一方面，科尔曼和扎瓦多夫斯基似乎比赫森更擅于放弃那些最终被中央委员会谴责的立场。因此，扎瓦多夫斯基在 1926 年以"摩尔根主义者"的身份争辩道："这些年来我一直在研究的事实——获得性特征的遗传问题——要求我放弃达尔文和恩格斯的观点，以及马克思的观点。"[2] 十年后，他成为李森科和普雷森特的拉马克

---

① V. F. Mitkevich 在《十字路口的科学》中被写成 W. Th. Mitkewich，然而毫无疑问，V. F. Mitkevich 和 W. Th. Mitkewich 是同一个人，参见约拉夫斯基：《苏联马克思主义与自然科学》，第 289—295 页。

② 扎瓦多夫斯基：《达尔文主义》（B. M. Zavadovsky, "Darwinism," *Vestnik kommunis-ticheskoi akademii*, [1926, Kn. 14] p. 273）；引自约拉夫斯基：《苏联马克思主义与自然科学》，第 218 页。

式论点的早期支持者。[①]数学家科尔曼的情况相当复杂。作为捷克人，他在第一次世界大战结束时被囚禁在一个苏联的战俘营里。获释后，科尔曼在莫斯科大学获得了席位，在那里他短暂地支持过"德波林派"物理学家。然而，在"大决裂"期间，他关于相对论的陈述变得越来越隐晦。几年后，科尔曼同时成为李森科[②]的追随者和爱因斯坦物理学的"自由主义"辩护人。[③]在 20 世纪 50 年代初期，他再次出现，这次是作为控制论的倡导者。在对科尔曼的最后报道中，他似乎被塑造成一个精神分裂的形象，在苏联他是一位自由主义者，而在他的祖国捷克斯洛伐克则是一位僵化的理论家。[④]与科尔曼的巧妙变换相比，米特克维奇显得相当直率。他是一位非常成功的电气工程师，1931 年因反对当代物理学的"形式主义"倾向而成为年轻的科学"布尔什维克"英雄。[⑤]为了应对这种趋势，米特克维奇呼吁回归法拉第和其他 19 世纪理论家所青睐的视觉模型。

xvii 　　其余三位代表是行政人员或科学家，他们很少参与这一时期的哲学争论。鲁宾斯坦（Modest I. Rubinstein）是一位经济学

---

① 梅德韦杰夫：《李森科的兴衰》，第 21 页。扎瓦多夫斯基（B. Zavadovsky）的兄弟 M. M. Zavadovsky，是一名反李森科主义者。

② 同上书，第 83 页。

③ 格雷厄姆：《量子力学和辩证唯物主义》（Loren R. Graham, "Quantum Mechanics and Dialectical Materialism," *Slavic Review*, 25 [1966] 408）。

④ 同上。关于科尔曼作为控制论代言人的角色，请参阅大卫·霍洛威出版的关于苏联控制论介绍和发展的书。

⑤ 约拉夫斯基：《苏联马克思主义与自然科学》，第 289—295 页。

家，在 20 世纪 30 年代初期供职于共产主义学院。虽然他在技术政策方面的许多兴趣与布哈林重叠，但他有幸在 20 世纪 30 年代后期的政治动荡中存活下来。自 1945 年以来，他致力于一般史学研究，特别是科学技术史。[①] 亚伯拉罕·费多尔维奇·约费是苏联物理学家的偶像，直到 1960 年去世，享年八十岁。在两次世界大战之间，他指导培训了整整一代物理科学研究人员。[②] 作为一名真诚的爱国者，约费于 1942 年加入共产党，但他对马克思主义的兴趣基本上仅限于通过创造高效和繁荣的经济来实现昌盛和社会公正。[③] 最后，我们来看看苏联代表团的最后一名成员，瓦维洛夫（N. I. Vavilov）。甚至在梅德韦杰夫对李森科主义辩论的第一阶段所进行的感人叙述之前，瓦维洛夫就早已对遗传学进行了勇敢辩护，这也导致他于 1942 年悲惨死去，这是科学史上最伟大的殉道行为之一。[④] 而在 1931 年，瓦维洛夫是一位自信且成功的植物遗传学家。作为列宁农业科学

---

①　感谢霍洛威提到鲁宾斯坦曾综述了苏联翻译贝尔纳《历史上的科学》的情况，*Kommunist*, 1957, 14 (October), 110-117. 也感谢罗伯特·A. 刘易斯（Robert A. Lewis）提到有关鲁宾斯坦传记的信息。

②　他最著名的学生之一是彼得·卡皮查（Peter Kapitsa），参见艾伯特·帕里主编：《彼得·卡皮查谈生命与科学》（Albert Parry ed., *Peter Kapitsa on Life and Science* [New York, 1968]），特别是第 75—121 页。

③　参见约拉夫斯基：《苏联马克思主义与自然科学》，第 287—290 页。参见格雷厄姆：《苏联科学院和共产党，1927—1932》，第 26 页。

④　瓦维洛夫的传记最近出现在苏联，见雷兹尼克：《尼古拉·瓦维洛夫》（S. Ye. Reznik, *Nikolai Vavilov* [Moscow,1968]）。瓦维洛夫的弟弟谢尔盖（Sergei）后来成为苏联科学院院长，并在 40 年代末被迫进入李森科主义阵营。

院（Lenin Academy of Agricultural Sciences）的院长，他关于农业历史起源的相关研究已经获得了巨额经费支持并享誉全球，更不用说他收藏的无与伦比的谷物籽苗库了。

回顾过去，我们可以说，苏联代表团成员完全有资格谈论大革命以来的科学史和科学方向。与他们最终要在伦敦面对的大多数历史学家、哲学家和科学家不同，为实现社会主义重建计划，苏联人竭尽所能地贡献了自己的学识，并且该计划高度依赖于自然科学家们的工作。事实上，如果苏联代表团成员是更狂热的布尔什维克党派人士，那么，马克思主义者和非马克思主义者在大会上的分歧会更大，这些布尔什维克党人总是断然拒绝当时在西方（以及在苏联）科学家中流行的许多科学理论。碰巧的是，在这一时期，无论是布哈林、德波林派还是苏联代表团中的行政官员和其他科学家，都不愿意将当前广泛被接受的范式贴上"资产阶级"或"非辩证"的标签。他们最希望传达的是社会主义社会中科学的智识活力、自我意识、社会效用和绝对的繁荣。

xviii　　视角切换到英国这一边，我们发现，至1931年，包括贝尔纳（J. D. Bernal）、霍尔丹（J. B. S. Haldane）、兰斯洛特·霍格本（Lancelot Hogben）、海曼·利维和李约瑟（Joseph Needham）在内的一些科学家早已做好被苏联人言论所感动的准备。[1]

---

[1]　这些都是我的《有形学院》中的主要人物。据我所知，霍尔丹在1931年大会期间并不在伦敦。

在此前十年里，他们都表现出对社会主义日益增长的热情与信心。这些研究者也不同程度地接触过马克思主义，甚至对许多苏联科学家关心的历史和哲学问题产生过兴趣。但大多数情况下，这一群体参与地方和国家政治是有限的，而且与他们的职业生涯严格分离。^①贝尔纳以对马克思主义的深入研究和共产党员身份在当时独树一帜。同样不寻常的是，海曼·利维在1924年至1930年期间长期担任工党科学咨询委员会（Labour Party's Science Advisory Committee）的主席。在历史研究领域，贝尔纳和霍格本早已是令人印象深刻的业余爱好者，^②但李约瑟因其对胚胎学史的博学研究而迅速获得了很高的声誉。^③20世纪20年代末，霍格本和李约瑟也因个人反对霍尔丹和罗素（E. S. Russell）等资深生物学家的新生命主义哲学而声名远播。^④凭借他们早期在科学史和科学哲学方面的工作，霍格本和李约瑟受邀参加1931年的大会，承担着伦敦会议的组织者和"物理科学和生物科学的历史与当代之相互关系"分会的参与者的双重角色。李约瑟作为大会主席查尔斯·辛格的朋友，是大会执

①　一个确实激发了他们政治意识的科学问题是优生学。参见霍格本：《生命物质的本质》（Lancelot Hogben, *The Nature of Living Matter*, [London, 1930]），特别是第193—214页。

②　因此，艾伦·赫特曾经回忆说，《科学的社会功能》中历史部分的许多内容一直是贝尔纳和他的对话主题。见赫特的《科学与社会》（Allen Hutt, "Science and Society," *Labour Monthly*, 21 [June 1939] 319）。

③　参见李约瑟：《化学胚胎学》第一卷（Joseph Needham, *Chemical Embryology*, vol. I , [Cambridge, 1931]）。

④　关于这一争议的叙述见《有形学院》第四章。

行委员会成员；霍格本是理事会成员。

根据他们的集体传记得知，一如我们所预料的，伴随经济大萧条爆发而来的社会和政治危机加剧了这群科学家的社会主义倾向。这不仅是因为在 1931 年经济衰退导致数百万失业者惨遭不幸和第二届工党政府的垮台，[①] 而且科学研究本身也开始受到财政限制的影响。20 世纪 20 年代，政府用于学术和工业研究的资金投入增长减缓，但这一趋势后来被制止并最终逆转。当训练有素的专家们（尤其是化学家）不得不面临失业的现实时，[②] 用霍格本的话来说，年轻的科学家能够认识到"他们的面包哪一边没有黄油"。[③] 然而，更杰出的社会主义研究者则被政治局势的更大方面所吸引。与他们在实验室的最初几年不同，脱离社会现在似乎是一个无法忍受的姿势："我试图留在自己的领域"，李约瑟后来写道，"但政治会不断闯入"。[④]

xix 这些"科学工作者"在经历了大萧条初期的政治动荡后，发现自己缺乏分析工具来了解过去，更谈不上为未来提供

---

① 参见罗伯特·斯基德尔斯基：《政治家和萧条：工党政府，1929—1931》（ Robert Skidelsky, *Politicians and the Slump: the Labour Government*, 1929-1931 [London, 1967] ）；参见埃里克·霍布斯鲍姆：《工业与帝国》（Eric Hobsbawm, *Industry and Empire* [Harmondsworth, 1969] ），第 207—224 页。

② 参见丹尼斯·查普曼：《大萧条时期的化学专业》（Dennis Chapman, "The Profession of Chemistry during the Depression," *Scientific Worker* [Autumn 1939] 74-81 ）。

③ 霍格本：《权威科学》（Lancelot Hogben, *Science in Authority* [London, 1963] ），第 118 页。

④ 李约瑟：《时间：清新的河流》（ Joseph Needham, *Time: The Refreshing River* [London, 1943] ），第 11 页。

指导。① 他们早先对资本主义英国经济的乐观态度或许是他们后来困难的根源。② 显然，与他们工作所处的资本主义社会相比，最完美的替代就是十月革命后的苏联。但在 1931 年之前，他们对苏联事件的兴趣是模糊且零星的。20 世纪 20 年代末，贝尔纳关于在苏联建立一个完全科学体制的可能性的评论，虽有启发但很单薄。③ 事实上，只有霍尔丹 1928 年在苏联与苏联人见过面，尽管他后来的报告大体上是正面的，但他也对社会主义社会中遗传学的未来发展表达了某种焦虑。④ 因此，英国的马克思主义者关于苏联科学状况的信息不仅是零碎的，而且早于"大决裂"这个关键事件节点。直到后来的社会危机，贝尔纳、霍格本和海曼·利维等人才被激发去了解苏联正在发生的事情。而在伦敦，参加第二届国际科学技术史大会的苏联代表们为他们提供了答案。

大会的日期和地点是由国际科学史学会（the International

---

① 科学家们在这方面面临的问题反映了英国社会主义传统的普遍知识弱点，特别是在社会学方面。参见菲利普·艾布拉姆斯：《英国社会学的起源，1834—1914》（Philip Abrams, *The Origins of British Sociology*, 1834-1914, [Chicago,1968]），第 3—153 页； 和佩里·安德森：《民族文化的组成部分》（Perry Anderson, "Components of the National Culture," *New Left Review*, 53 [July/August, 1968], 3-57）。

② 例如，请注意霍格本在他的《代达罗斯》（*Daedalus*）或《科学与未来》（*Science and the Future* [London, 1923]）中的评论，特别是第 6 页。参见贝尔纳：《世界、肉体和魔鬼》（J. D. Bernal, *The World, the Flesh and the Devil* [London,1929]），第 70—71 页。印第安纳大学出版社最近重印了这部作品（Bloomington,1969）。

③ 贝尔纳：《世界、肉体和魔鬼》，第 93—94 页。

④ 参见霍格本：《人类的不平等和其他论文》（Lancelot Hogben, *The Inequality of Man, and Other Essays* [London, 1932]），第 126—136 页。

Academy of the History of Sciences，成立于 1928 年）临时选定的。① 自然地，这次国际学者开会的时间是在没有考虑到即将来临又不可预见的经济灾难的情况下确定的。对英国社会主义者来说，在大萧条最严重的时期开会的结果已经足够明显了。然而，还有一点需要指出：从 20 年代初到 60 年代末，苏联人从来没有像 1931 年春天那样如此充分或以如此高的热情来讨论"马克思主义科学"的含义。任何一方延迟一到两年，除了将大会转向繁荣时期或复苏时期的影响之外，都可能导致以下两种可能性之一：苏联人根本不会出现，或者与 1931 年选择的代表团在人员甚至知识取向方面大不相同。② 至于选址，选择伦敦至少部分取决于这样一个事实，即英国科学促进会（the British Association for the Advancement of Science）将首次在王国首都

---

① 学会组织的第一届大会于 1929 年在巴黎举行。关于学会的基础和早期历史，见乔治·萨顿：《会议纪要》，《第六届国际科学技术史大会论文集》（George Sarton, "Acta Atque Agenda", *Actes due VI Congres International d'Histoire des Sciences* [Paris, 1951]），特别是第 62—66 页；和《科学史研究》（George Sarton, *The Study of the History of Science* [Cambridge, Mass., 1936]），第 66—70 页。

② 在 1934 年之前，法国的左翼科学家与 1931 年苏联代表团的一些成员有一些接触。见大卫·考特：《共产主义和法国知识分子，1914—1960》（David Caute, *Communism and the French Intellectuals*, 1914-1960 [London, 1964]），特别是第 300—317 页。20 世纪 30 年代初之后，苏联学者出国旅行变得极其困难。这种限制的最早迹象之一是取消了原定于莫斯科举行的 1937 年国际遗传学大会。关于对比鲜明但同样值得关注的英国对苏联科学孤立的反应，参见乌瓦罗夫：《苏联的遗传学和植物育种》（B. P. Uvarov, "Genetics and Plant Breeding in the U.S.S.R.," *Nature*, 140 [21 August,1937], 297）李约瑟和简·赛克斯·戴维斯编：《苏联的科学》（Joseph Needham, Jane Sykes Davies eds., *Science in Soviet Russia* [London, 1942]），第 27—28 页。

举行会议，庆祝其百年华诞。因此，毫无疑问，如果苏联人想要给人留下任何印象，那就一定得在英国。

苏联人在伦敦

从他们乘飞机抵达伦敦——这在当时还很新奇——到苏联大使馆为他们举行的盛大招待会，苏联代表们轻而易举地成为这届国际大会上最引人注目的群体。《曼彻斯特卫报》（*Manchester Guardian*）的科学记者克劳瑟（J. G. Crowther）告诉他的读者，"苏联政府正在国际科学技术史大会上发挥重要作用"[①]。但无论代表团享有何种突出地位，都无法说服大会组织者延长预先分配给会议发言人的时间，也无法削减预定社会事务的数量。[②] 作为妥协，会务组决定在星期六召开特别会议。

从一开始，苏联代表团就投入大会的几乎所有正式讨论中。例如，在 6 月 30 日，历史学家克拉克（G. N. Clark）和生理学家希尔（A. V. Hill）建议扩大历史的主题以涵括对知识进步的记录时，《泰晤士报》（*The Times*）的记者指出，"苏联代表团五名成员的要求引起了一些兴趣……他们可能会被允许为讨

---

① 《科学家的大会》，《曼彻斯特卫报》，1931 年 6 月 30 日，第 8 页。感谢阿诺德·佩西（Arnold Pacey）博士关于克劳瑟于大会一周内在《曼彻斯特卫报》上发表的文章的最新研究。

② 因此，大会从 6 月 30 日星期二下午到 7 月 2 日星期四上午休会，以便代表们前往剑桥参加三一学院组织的午餐和一些展览。

论会贡献一个马克思主义的观点"[1]。并得出结论，克拉克和希尔的建议只会导致新形式的英雄崇拜，即对牛顿和达尔文的崇拜超过对马尔博罗公爵（Marlborough，指约翰·丘吉尔）和林肯（Lincoln）的崇拜。[2] 相反，需要的是摆脱个人主义或"资产阶级"的历史哲学，转向马克思主义方法，强调伟人被他们所处时代的社会和经济力量塑造的方式。

两天后，在生物学哲学专题讨论会上，苏联发言人扎瓦多夫斯基与霍格本和李约瑟结盟，联手攻击霍尔丹和罗素的立场。[3] 在霍格本大声质问对机械论和唯物主义的反感是否可能不是由于西方民众对布尔什维克主义和社会动荡的恐惧之后，扎瓦多夫斯基继续断言，"这些倾向是资产阶级社会在物质文化可能性中普遍幻灭的特点"[4]。这位苏联生物学家补充道，对于辩证唯物主义者来说，活力论－机械论造成的两难困境是错误的。承认生物学层面与物理学层面在性质上不同，仅仅意味着需要新的实验工具和更精妙的唯物主义观点。扎瓦多夫斯基认为，整体框架"在……马克思和恩格斯的经典著作中，以及在当今列

---

[1] 《泰晤士报》1931 年 7 月 1 日，第 16 页。

[2] 这些信息来自贝尔纳为《旁观者》(*The Spectator*. July 11, 1931) 所写的关于大会的文章，转载于他的《必然之自由》(J. D. Bernal, *The Freedom of Necessity* [London, 1949])，第 335 页。

[3] 本届会议上记录发言的一套用模板复印机印刷的表格可以在李约瑟博士的私人文件中找到。

[4] 扎瓦多夫斯基：《有机体进化中的"物理"与"生物"过程》，《十字路口的科学》第四篇论文，第 2 页（对应本书第 105 页。——译者注）

宁的著作中"已经被安排好了。[①]

经过几天的哲学思辨轰炸，苏联人在大会结束时更详细地介绍了基于马克思主义的对科学史和科学规划的观点。由于本书包含了本次会议上的所有演讲内容，建议读者将注意力集中在赫森那篇极具争议的文章上，这对于了解详情可能是有益的。[②]需要仔细分析他关于牛顿的各种论述，不仅因为其对后世产生的影响，还因为它们阐明了功利主义的理论基础，而这正是该时期苏联大量学术研究的基础。

从某种意义上说，《牛顿〈原理〉的社会与经济根源》只是 xxi 赫森能将17世纪到19世纪高度压缩的物理科学史悬挂起来的一枚钉子。对赫森来说，牛顿时代的主要特征是资本主义的兴起，首先是对技术的新需求，其次是英国社会内部产生了深刻的政治和宗教分歧。在列出了与弹道学、流体静力学、磁学、光学和力学有关的一系列技术问题之后，赫森断言，"《原理》的'现实核心'正是由以上所分析的那些技术问题所组成的，并且正是它们从根本上决定了这一时期物理学研究的主题"[③]。赫森的这

---

① 扎瓦多夫斯基：《有机体进化中的"物理"与"生物"过程》，《十字路口的科学》第四篇论文，第12页（对应本书第119页。——译者注）

② 布哈林、约费和鲁宾斯坦的文章涉及为满足农业和工业需求而计划的科学理论和科学实践。科尔曼和米特克维奇以截然不同的方式批评了现代物理学的"形式主义"倾向。至于非马克思主义者瓦维洛夫，在描述苏联植物遗传学研究时，最低限度地提及了马克思主义。

③ 赫森：《牛顿〈原理〉的社会与经济根源》，《十字路口的科学》第九篇论文，第21页（对应本书第229页。——译者注）

种说法并不意味着牛顿的分析方法与经济因素直接相关。但在这里，我们被要求考虑哲学理论和宗教信仰等上层建筑，这些理论和信仰引导牛顿沿着某些思路前进。[1] 因此，赫森将《原理》切分为唯心主义、机械主义和唯物主义部分，以表明牛顿的伟大作品在哲学上等同于 17 世纪晚期的社会和政治妥协。然后，他得出结论，牛顿著作中最合理的东西可以与当时的技术需求相关联，而不是与意识形态需求相关联。[2] 赫森从这一切中得出的寓意是，科学不能在限制技术进步的社会中前进："科学的发展来自生产，成为生产力桎梏的社会形式同样也是科学的桎梏。"[3] 在演讲结尾处，赫森自信地将英国工业革命和十月革命相提并论，他说："并且像所有时代一样，我们在重建社会关系的同时也重建着科学。"[4]

当赫森结束他的发言时，会场上漫长而尴尬的沉寂最终被 20 岁的剑桥大学数学系学生大卫·盖斯特（David Guest）打破。在利维的鼓励下，盖斯特通过将其应用于现代物理理论中的内在"矛盾"来支持赫森的观点。[5] 仅有两位英国科学史学

---

[1]　赫森：《牛顿〈原理〉的社会与经济根源》，《十字路口的科学》第九篇论文，第 27 页（对应本书第 236 页。——译者注）

[2]　同上书，第 40 页（对应本书第 258 页。——译者注）

[3]　同上书，第 60 页（对应本书第 284 页。——译者注）

[4]　同上书，第 62 页（对应本书第 286 页。——译者注）

[5]　参见利维：《奋斗中的数学家》（Hyman Levy, "The Mathematician in the Struggle," in Carmel Haden Guest ed., *David Guest: A Scientist Fights for Freedom* [London, 1939]），第 152—153 页，和克劳瑟：《科学的社会关系》（J. G. Crowther, *The Social Relations of Science* [New York, 1941]），第 616—617 页。

家，维瑟姆（Whetham）和沃尔夫（Wolf）表达反对意见。这促使贝尔纳在不久后评论道，苏联人的论文可能对大多数听众影响不大。诉诸马克思主义非但没有给听众留下深刻印象，反而可能"使他们不愿聆听随后的论点，觉得如此粗鄙和教条主义的任何东西最好被礼貌地忽略"[①]。

　　然而，苏联代表团的表现并没有被《自然》杂志的"科 xxii学共同体的时代"（The Times of the scientific community）栏目所忽视。[②] 在对大会的评论中，托马斯·格林伍德（Thomas Greenwood）将历史唯物主义描述为"对科学发展的共产主义解释，其中群众的综合工作得到高举，以牺牲对天才的赞颂为代价"。他进一步坚持认为，"苏联代表的态度几乎无法解释任何历史，不论他们传达的信息多么令人振奋，也不论他们在自己的教育机构中如何努力将其付诸实践"[③]。三周后，在对《十字路口的科学》的一篇评论中，历史学家马文（F. S. Marvin）的态度则显得大方得多。他赞同知识在一定程度上是一种社会产品，但他怀疑这种洞察力能否解释科学史的所有方面。马文接

---

　　① 贝尔纳：《必然之自由》，第 338 页。

　　② 关于《自然》在战争期间的政治取向，参见保罗·加里·沃斯基：《两次世界大战之间的〈自然〉与政治》（Paul Gary Werskey, *Nature* and Politics between the Wars," *Nature*, 224 [November 1,1969] 462-472）。参见阿米蒂奇：《理查德·格雷戈里爵士、他的生活和工作》（W. H. G. Armytage, *Sir Richard Gregory, His Life and Work* [London, 1957]）。

　　③ 托马斯·格林伍德：《第三届（原文如此）国际科学技术史大会》（Thomas Greenwood, "The Third（sic）International Congress of the History of Science and Technology," *Nature*, 128 [July 11, 1931] 78 ）。

着谴责了"资产阶级"科学的概念:"自然法则对我们所有人来说都是一样的。"[①] 在结尾处,他对辩证唯物主义可能对苏联研究方向产生的影响表示忧虑。很明显,尽管苏联人在大会上的表现确实值得《自然》杂志关注,但它并没有标志着该杂志对科学和社会看法的转折。[②]

但它对以上谈到的英国社会主义科学家的影响是深远的。在科学和政治上,他们发现自己与苏联人达成了实质性的一致。例如,扎瓦多夫斯基的论文给李约瑟留下了深刻的印象,因为它的结论——与他自己的结论如此相似——显然是从辩证唯物主义的公理中得出的。[③] 赫森的贡献给人留下了更深刻、更广泛的印象。正如霍格本后来回忆的那样,它"增强了我对历史唯物主义的兴趣,作为一种用于解释的智识工具"[④]。利维突然发现大多数关于科学史的作品都不够充分,因为它们没有"同时说明人类的社会背景和经济背景"[⑤]。对于克劳瑟来说,

---

① 马文:《苏联科学》(F. S. Marvin, "Soviet Science," *Nature*, 128 [August 1, 1931] 170-171)。

② 《自然》杂志在 30 年代末对苏联科学的明显敌意见沃尔斯基:《英国科学家与"局外人"政治,1931—1945》(P. G. Werskey, "British Scientists and 'Outsider' Politics, 1931-1945," *Science Studies*, 1 [January, 1971] 76-77)。

③ 李约瑟:《时间:清新的河流》,第 224 页。

④ 霍格本与作者的个人通信(1968 年 7 月 26 日),其中他还谈到了长期以来他对辩证唯物主义的反感。

⑤ 利维:《透视科学:一篇介绍二十四场会谈的论文》(Hyman Levy, *Science in Perspective: An Essay Introductory to Twenty-four Talks* [London, 1931]),第 47 页。这些会谈通过 B.B.C 播出,并收入玛丽·亚当斯编:《变化世界中的科学》(Mary Adams ed., *Science in the Changing World* [London, 1933])。

赫森的文章从根本上决定了他后来在科学史上所有工作的方向。①贝尔纳的观点上文已经讲过（见本文第 2 页注释②）。但可能最为有趣的转变是李约瑟成为马克思主义信奉者。在修订其大型著作《化学胚胎学》的第一卷以将其重新出版为《胚胎学史》时，李约瑟认为，科学进步绝不能与技术需求和技术过程相脱节，然后补充道："进一步的历史研究将使我们能为伟大的胚胎学家所做的，一如赫森为艾萨克·牛顿所做的一切。"②

　　然而，无论这些人对历史唯物主义和辩证唯物主义所带来的新前景多么着迷，他们最关心的还是苏联的政治信息。贝尔纳、克劳瑟、霍格本、利维和李约瑟在大会上有充分的机会与苏联代表们，特别是布哈林和赫森讨论苏联的科学状况。③当苏联人乘飞机回国时，他们给贝尔纳和他的同伴们留下了以下两难问题："是成为一个智力自由但在社会方面完全无效的人，还是为了一个共同的社会目标而将知识和行动结合在一起成为系统的一部分，哪一种更好呢？"④

xxiii

---

　　①　克劳瑟：《十九世纪的英国科学家》（ J. G. Crowther, *British Scientists of the Nineteenth Century* [London, 1935] ），第 ix 页。

　　②　李约瑟：《胚胎学史》（ Joseph Needham, *A History of Embryology* [Cambridge, 1934] ），第 xvi 页。

　　③　布哈林在伦敦期间设法拜访了霍格本和利维的家。我在与两位英国科学家单独谈话时了解到这一点。

　　④　贝尔纳：《必然之自由》，第 339 页。

大会的余波

在剩下的篇幅中，我将勾勒科学史、科学哲学和科学规划中的一些进展，这些内容归功于《十字路口的科学》的出版。①

自从赫森的论文发表以来，马克思主义科学史方法（在美国和欧洲）的受欢迎程度发生了很大变化。由于这种史学在西方的低谷恰逢冷战时期，我们不能忽视在学术界中运作的微妙的（有时是粗暴的）政治恐吓形式，是它们损害了发展中的马克思主义。② 李森科事件引发的启示加剧了反对苏联共产主义浪潮。但，还必须考虑到另外两个因素。首先，即使在英国，对科学史感兴趣的 30 年代马克思主义者们也只能在薄弱的制度基础上工作。除了缺乏可能维持这一传统的期刊之

① 关于 30 年代英国科学家政治激进主义的发展，请参阅《有形学院》和沃尔斯基：《激进的剑桥：1930 年代的左翼科学家》（P. G. Werskey, "Radical Cambridge: Left-wing Scientists in the 1930s," 打字稿，科学研究部，爱丁堡大学），后者将被收入即将出版的由麦克劳德（R.M.MacLeod）博士编辑的关于两次世界大战期间英国科学的文集中。

② 例如，参见格拉克：《科学史的一些历史假设》（Henry Guerlac, "Some Historical Assumptions of the History of Science," in A. C. Crombie, *Scientific Change* [London, 1963]），特别是第 198—201 页。对于最近对历史学家忽视这些主题的批评，参见萨克雷：《科学：其现状已经丧失未来了吗？》（Arnold Thackray, "Science: Has Its Present Past a Future?" in Roger H.Stuewer ed., *Historical and Philosophical Perspectives of Science* [Minneapolis, 1970], pp. 112-127）。

外，^①没有一个关键人物——贝尔纳、戈登·柴尔德（Gordon
Childe）、克劳瑟、本杰明·法林顿（Benjamin Farrington）、克
里斯托弗·希尔（Christopher Hill）、埃里克·霍布斯鲍姆（Eric
Hobsbawm）、霍格本、山姆·利利（Sam Lilley）和李约瑟——
能够培养出新一代的专业科学史学家。其次，1945 年以后，一
群学者强烈意识到马克思主义者们忽视了作为一个思想体系的
科学，在他们的指导下，科学史成为一门独特的学科。^②直到
60 年代初，人们才有系统地尝试将科学和技术本身视为社会变
革的推动者和产物。^③

---

① 《劳工月刊》（*Labour Monthly*）和《现代季刊》（*Modern Quarterly*）在 20 世纪
30 年代的不同时期，对科学史给予了一些关注，但在 1945 年之后，几乎完全脱离了这一
领域。

② 在英国，对马克思主义科学史学的第一个持续批评——带有一些引人注目的让
步——是克拉克：《牛顿时代的科学与社会福利》（G. N. Clark, *Science and Social Welfare in
the Age of Newton* [Oxford, 1937]）。似乎为战后早期的英国科学史学家树立了"范式"的作
品是巴特菲尔德：《现代科学的起源，1300—1800》（Herbert Butterfield, *Origins of Modern
Science,1300-1800* [London, 1949]）。巴特菲尔德的门徒霍尔接着出版了《十七世纪的弹
道学》（A. Rupert Hall, *Ballistics in the Seventeenth Century* [Cambridge, 1952]），在这本书
中，如他所说，将赫森论题颠倒了过来。在试图解释英国科学史学科方向的变化模式时，
研究剑桥科学史委员会的演变是令人着迷的。该委员会在第二次世界大战前由李约瑟担
任主席，但此后由巴特菲尔德控制。关于剑桥科学史委员会的起源和早期活动，参见李
约瑟和沃尔特·帕格尔编的《现代科学的背景》（Joseph Needham and Walter Pagel eds.,
Background to Modern Science [Cambridge, 1938]），第 vii—xii 页。这样的研究很可能揭示
出在学术和政治之间划出清晰的边界是徒劳的。

③ 参见库恩：《历史与科学史的关系》（T. S. Kuhn, "The Relations between History
and the History of Science," *Daedalus*, 100 [Spring 1971]），特别是第 298—300 页。该领
域的主要作品来自"批判理论"，参见哈贝马斯：《迈向理性社会》（J. Habermas, *Toward
a Rational Society* [London, 1970]）和马尔库塞：《单向度的人》（Herbert Marcuse, *One-
Dimensional Man* [Bostonm,1964]）。

xxiv 　　除了大卫·博姆（David Bohm）和加斯顿·巴切拉德（Gaston Bachelard）的继任者的研究工作，对基于辩证唯物主义的科学哲学的兴趣没有类似的复苏。即使在马克思主义在英国的高潮时期，对辩证法的追求也从未超出非常一般性讨论的水平。[①] 最著名的作品是贝尔纳和霍尔丹关于生命起源的工作。[②] 诚然，在 1945 年至 1950 年间，一些哲学家和作家在这一领域提出了一些挑衅性的论题，[③] 但它们很快就被对李森科主义的愤怒所掩盖。

　　至于关于科学规划的理论，时至今日贝尔纳一直主导着这一领域。他的经典著作《科学的社会功能》（*The Social Function of Science*）成功地预言了战后时期许多最核心的特征，即科学活动在国家生活中的扩展、学术研究中心的协作以及国家科学

---

　　① 除了贝尔纳和利维在《辩证唯物主义面面观》（J.D.Bernal,Hyman Levy, *Aspects of Dialectical Materialism*, [London，1934]）中的文章，请参见贝尔纳：《必然之自由》，第334—428 页，和《马克思与科学》（*Marx and Science* [London, 1952]）；霍尔丹：《马克思主义哲学与科学》（J.B.S.Haldane, *The Marxist Philosophy and the Sciences* [London, 1938]；利维：《现代人的哲学》（Hyman Levy, *Philosophy for a Modern Man* [London, 1938]），和《现代科学》（*Modern Science*）；李约瑟：《秩序与生命》（Joseph Needham, *Order and Life* [New Haven, 1935; Cambridge, Mass.,1968]）。同样值得注意的是考德威尔：《物理学的危机》（Christopher Caudwell, *The Crisis in Physics* [London, 1939]）。

　　② 参见贝尔纳：《生命的起源》（J.D.Bernal, *The Origin of Life* [London, 1967]）。

　　③ 特别是莫里斯·康福斯：《科学与理想主义》（Maurice Cornforth, *Science versus Idealism* [London, 1946]）；杰克·林赛：《马克思主义与当代科学》（Jack Lindsay, *Marxism and Contemporary Science* [London,1949]）。

政策的演变。[①] 虽然他的工作是否对英国 [②] 和美国的政府运作产生了很大的直接影响是存疑的，但它似乎确实在法国 [③] 和苏联产生了一些影响。当然，这个事实给我们带来一个完整的循环。当我们意识到贝尔纳关于计划科学思考的一个重要部分来自布哈林（直到今天布哈林在苏联都是不受欢迎的人）时，偿还这一智识债务的讽刺意味引人深思。因此，贝尔纳在苏联受到的高度尊重帮助该国的学者迂回地回到了 20 世纪 20 年代同胞的工作当中。[④]

在这本书出版四十年后，我们开始意识到，科学再次发现自己处于十字路口之上。作为当权者的工具，在对社会结构和目标应该是什么而产生激烈冲突和争议的时期，各个科学共

---

① 请参阅经济合作与发展组织（OECD）系列"国家科学政策综述"（Reviews of National Science Policy）。关于贝尔纳对这些发展的反应，请参阅贝尔纳：《二十五年后》，载于莫里斯·戈德史密斯和艾伦·麦凯主编《科学的科学》，（J. D. Bernal, "After Twenty-five Years," in Maurice Goldsmith and Alan MacKay eds., *The Science of Science* [Harmondsworth, 1966]），第 285—309 页。这篇文章还附在 1967 年版的《科学的社会功能》上，第 xvii—xxxvi 页。

② 参见维格：《英国政治中的科学和技术》（Norman J. Vig, *Science and Technology in British Politics* [Oxford, 1968]）。

③ 皮埃尔·比夸德：《弗雷德里克·乔利奥 - 居里和他的理论》（Pierre Biquard, *Frédéric Joliot-Curie, The Man and His Theories* [New York, 1966]），第 96—102 页和 142 页简要讨论了贝尔纳对弗雷德里克·乔利奥 – 居里和法国科学管理的影响。

④ 霍洛威不仅提醒我注意这一点，还提醒我注意自 20 世纪 30 年代以来，苏联对《十字路口的科学》的第一次提及。参见多布罗夫编：《科学的潜力》（G. M. Dobrov ed., *Potensial Nauki* [Kiev, 1969]），第 5 页，陈述如下（由霍洛威翻译）："在那些年（两次世界大战期间）苏联对世界科学的经验进行了社会学研究，特别是在第二届国际科学技术史大会上，对科学学的发展产生了重大影响。"

同体不可避免都将受到一连串的批评。最近，关于现代科学的社会角色的持续辩论中最有趣的特征之一是许多新左派的反技术官僚立场。从马克思主义对科学世界观的长期坚持的角度来看，认为我们现在正在目睹激进思想史上的根本分歧可能并不为过。然而，在跨越这一鸿沟之前，有必要接受技术官僚手段和社会主义目的并非水火不容的旧观点。毫无疑问，这次重新评估的关键文献之一将是《十字路口的科学》。

感谢麦克劳德（R. M. MacLeod）博士和杨（R. M. Young）博士对本文初稿的评议。

前　言

　　这本书是苏联科学家代表团递交给第二届国际科学技术史大会的论文集。在苏联，一幅全新的图景正展现在科学面前。社会主义的计划经济、规模宏大的建设活动——无论在城镇还是村庄，无论在中心地区还是偏远地区——都要求科学必须高速前进。整个世界已经分化成了两种经济制度、两种社会关系体系和两种文化类型。在资本主义世界中，严重的经济衰退反映在科学思想和一般哲学的瘫痪性危机之中。而在世界的社会主义部分，我们观察到一种全新的现象：一种理论与实践的新结合，一种在庞大的国家规模上规划起来的集体组织的科学研究，一种单一的方法——辩证唯物主义方法——不断渗透所有科学学科。因此，这种主导着数百万工人精神活动的新型知识文化正成为当今最强大的力量。这里向读者呈现的论文，在某种程度上反映了我们时代正在发生的社会转型的伟大进程。因此，希望它们能够引起所有正在思考人类社会发展这一紧迫问题的人们的兴趣。

辩证唯物主义视角下的理论与实践

尼古拉·布哈林（Nikolai Bukharin）[①]

当今资本主义的经济危机已经给整个资本主义文化带来了
一场极为深刻的危机，即各个学科的危机、认识论的危机、世
界观的危机、世界感知的危机。在这样的历史情境下，理论与
实践的相互关系问题同样成了最尖锐的问题之一，而且它既是
一个理论问题，也是一个实践问题。因此，我们必须从不同的
角度厘清问题：（1）作为一种认识论问题，（2）作为一种社会
学问题，（3）作为一种历史问题，（4）作为一种现代文化问题。
最后，（5）令人感兴趣的是，用丰富的革命经验检验相应的理
论概念，并（6）给出某种预见。

---

① 尼古拉·伊万诺维奇·布哈林（Н. И. Бухарин, 1888-1938），政治活动家、经济学家，苏联科学院院士，最高经济委员会工业研究部主任，科学院知识史委员会主席。——译者注

一、问题的认识论意义 [①]

现代物理学——同时也是整个自然科学，连同所谓精神科学——的危机以一种重燃之势，将哲学的基本问题作为一项紧迫的任务提出来：独立于感知主体的外部世界的客观实在问题，和外部世界的可知性（或不可知性）问题。除了辩证唯物主义（马克思主义）以外，几乎所有的哲学流派，从神学化的形而上学到"纯描述"的阿芬那留斯－马赫主义和复兴的"实用主义"，都是从以下这个被认为是不可辩驳的论点开始的："我""被给定"的仅仅是"我的""感觉"。[②]

———————

① 布哈林在本文的第一节中从认识论的角度批判了资产阶级哲学中广泛流行着的主观唯心主义观点。这实际上是对列宁在《唯物主义和经验批判主义》中从认识论角度批判经验批判主义的跟随。布哈林下文中所批判的不可辩驳的论点，与列宁在文中所批判的"世界仅仅由我的感觉构成"相一致。关于后者的论述，可参详列宁：《唯物主义和经验批判主义》，北京：人民出版社，2015 年，第 31 页。——译者注

② 参见恩斯特·马赫：《感觉的分析》（Ernst Mach, Analyse der Empfindungen）和《认识与谬误》（Erkenntnis und Irrtum）；K. 皮尔逊：《科学的规范》（K. Pearson, The Grammar of Science [London,1900]）；H. 柏格森：《创造进化论》（H. Bergson, L'dvolution creatrice [Paris: F. Alcan,1907]）；W. 詹姆斯：《实用主义》（W. James, Pragmatism [New York,1908]）和《宗教经验种种》（The Varieties of Religious Experience [London,1909]）；H. 法伊因格：《如是哲学》（H. Vaihinger, Die Philosophic des Als Ob [Berlin, 1911]）；H. 彭加勒：《科学与假设》（H. Poincari, La Science et I'Hypoth^se [Paris: E. Flammarion, 1908]）；这一思想圈围绕着罗素（B. Russell）的"逻辑斯蒂"（logistics）。关于这一主题的最新文献包括弗兰克（Frank）、石里克（M. Schlick）、卡尔纳普（R. Carnap）等的著作。甚至连差不多可以算作唯物主义者的施图迪也站在文中所引用的立场上，参见其《现实世界观和空间理论》（Study, Die realistische Weltansicht und die Lehre vom Raume [Vieweg & Sohn, 1923]）一书的第一部分"外部世界的问题"和第二部分的未经整理的原始手稿。

这一论点最杰出的倡导者是贝克莱主教，[①] 它完全不必要地 12
被看作新的认识论福音。比如，当石里克[②]在此基础上建立起哲
学中彻底的"终结"转向时，他的论述看起来是十分天真的。甚
至阿芬那留斯（R. Avenarius）[③]也认为有必要强调这个初始"公
理"的不可靠性。但目前，这种贝克莱式的论点依然游走在整个
现代哲学的所有大路之上，并作为一种流行的偏见顽固地植根于
普遍观念（communis doctorum opinio）之中。但是它不仅易受责
难，而且也经不住严格的批判性检验。它在以下方面存在缺陷：
因为它包含着"我"和"我的"；因为它包含着"给定"的概
念；最后，因为它谈论的"只有感觉"。

实际上，只有当人类的始祖亚当刚由泥土制造出来，第一次
睁开眼睛，第一次看到天堂的风景及其所有特征时，才有可能作
出这种论述。任何经验主体总是超出"纯粹的"感觉"原料"的
界限：他的经验是外部世界在认识主体的实践过程中对主体产生
影响的结果，因此，他的经验是站在其他人经验的肩膀之上的。
在他的"我"之中，总是包含着"我们"。在他的诸感觉之间已

---

① 乔治·贝克莱：《人类知识原理》，载于弗雷泽编《贝克莱文集》（George
Berkeley, *Treatise concerning the Principles of Human Knowledge*, vol. i., of *Works*, Frazer ed.
[Oxford, 1871]）。

② 莫里茨·石里克说："我确信，我们正处在哲学上彻底的最后转变之中，我们确
实有理由认为（哲学）体系之间无结果的争论已经结束了。"参见石里克：《哲学的转向》
（Moritz Schlick, "Die Wende der Philosophie", in *Erkenntnis*, vol. i., No.1），第 5 页。

③ R. 阿芬那留斯：《纯粹经验批判》第 1 卷（R. Avenarius, *Kritik der reinen
Erfahrung*, vol. i. [Leipzig, 1888], pp. vii. and viii）。

经容纳着间接知识的产物（它的外在表现是言语、语言和可以用文字表达的概念）。在他的个体经验中，预先包含着社会、外部自然和历史——即社会历史。因此，认识论上的"鲁宾逊们"像 18 世纪"原子论"社会科学中的"鲁宾逊们"一样，是不恰当的。

但是这个受责难的论题不仅在"我""我的"和"只有感觉"上是有缺陷的，它的"给定"观点也是有缺陷的。在考察阿道夫·瓦格纳的著作①时，马克思写道："在一个学究教授看来，人对自然的关系首先并不是实践的，即以活动为基础的关系，而是**理论的关系**……但是，人们决不是首先'处在这种**对外界物的理论关系中**'。正如任何动物一样，他们首先是要**吃**、**喝**等，也就是说，并不'处在'某种关系中，而是**积极地活动**，通过活动来取得一定的外界物，从而满足自己的需要。因而，他们是从生产开始的。"②

因此，这一受到批判的论题之所以不正确，还因为它表达了一种冷静的、被动的、玄想的，而不是一种积极的、能动的、人类实践的视角，后者是符合客观实在的③。所以，远近驰名的"不可辩驳"的认识论"公理"注定要失败。因为它与客

---

① 这里指的是瓦格纳的《政治经济学教科书》（第二版）第一卷（1879 年）。——译者注

② 马克思：《评阿道夫·瓦格纳的教科书》，首次发表于《马克思恩格斯文库》第 5 卷（K. Marx, *On the book of Adolph Wagner*, in *Marx and Engels Archives*, vol. v. [Moscow, 1930], pp. 387-388）。黑体为马克思本人标注。

③ 此处俄文表达为"唯一符合客观实在的"。——译者注

观实在完全矛盾。并且与整个人类实践完全矛盾。（1）它是个人主义的且直接通向唯我论；（2）它是反历史的；（3）它是寂静主义的。因此毫无疑问，它必定会被摒弃。

为了避免任何误解：我们完全接受这一立场，即源于我们意识以外的物质世界的感观性（sensuality）和感观经验等构成了认识的起点和出发点。费尔巴哈正是从这里开始反抗黑格尔唯心主义抽象概念和泛理论的束缚的。当然，个体感觉是一个事实。但历史上从来没有超越外部自然影响、超越他人影响、超越间接知识、超越历史发展、超越作为社会产物的个体和与自然积极斗争的社会的绝对纯粹的个体感觉。并且在这一被考察的"公理"中，最重要的是它的逻辑"纯粹性"。如果后者消失了，整个"公理"也就消失了。鉴于此，我们所提出的论证是一个有效的论证。

根据以上论述，我们已经可以看到认识论视角下理论与实践的问题扮演着多么巨大的角色。

现在我们来考察这一主题。

首先应该指出的是，理论和实践都是社会人的活动。如果我们不把理论作为僵化的"系统"，也不把实践作为完成品来考察，即不把它当作僵化在物中的"死"劳动，而是在行动中，那么我们面前将有两种形式的劳动，劳动将被二分为脑力劳动和体力劳动、"精神劳动和物质劳动"、理论认识和实践行动。理论是实践的积累和浓缩，因为它概括了物质劳动的实践，在质上是物质劳动的一种特殊和特有的延续；因为它本身在质上是一种特殊的理论实践，是一种积极的（与实验相比）思想式实践。另一方面，实践活动利用理论，在这个意义上实践本身也是理论的。实际上，任何阶级社会都有分工，因此脑力劳动与体力劳动之间存在矛盾——理论与实践之间存在矛盾。但是，如同任何一种劳动分工一样，它也是两个对立面的统一体。行动转化为认识，认识转化为行动，实践推动认识，认识丰富了实践。[①] 理论和实践都是"社会生活再生产"过程中的环节。极为典型的是，自古以来一直存在这样的问题，即"认识是如何可能的？"而不是"行动是如何可能的？"有"认识论"，但没有一个博学的人曾想过发明一种专门的"人类行为学"。一代又一代，直到培根才非常公正地表达了知识与权力[②]之间的一

---

①　"理论能力起自当下的、被给予的、外在的存在，然后把它转化为概念。相反，实践能力起自内在定义。这种内在定义被称为决定、意念、任务。然后实践把内在的转化为实在的和外在的——赋予它当下的存在。这种从内在定义到外在性的转化被称为行动。""一般来说，行动是内在与外在的统一。内在定义，作为一种纯粹的内在现象，必须在形式中被剥离出来而变成纯粹外在的——相反，行动同样也是外在性的剥离，因为它是被直接给予的……外在性的形式改变了……"参见黑格尔：《哲学概论》，S. 瓦西里耶夫译（G. V. F. Hegel, *Introduction to Philosophy* [Moscow, 1927], sections 8 and 9），第 30 页。

②　培根在《新工具》中涉及人类知识和人类权力之关系的论述除"人类知识和人类权力归于一"一处外，另有："虽然通向人类权力和通向人类知识的两条路途是紧相邻接，并且几乎合而为一，但是鉴于人们向有耽于抽象这种根深蒂固的有害的习惯，比较妥当的做法还是从那些与实践有关的基础来建立和提高科学，还是让行动的部分自身作为印模来印出和决定出它的模本，即思辨的部分。"参见培根：《新工具》，许宝骙译，北京：商务印书馆，1984 年，第 8、108 页。——译者注

致性和自然法则与实践规范的相互依赖。① 实践用这种方式侵入了认识理论，理论包含实践，并且真正的认识论，即以理论与实践的统一（不是同一！）为基础的认识论，包含着实践的标准，而实践标准成了认识的真理性标准。

理论和实践的相对社会分离是认识理论与实践行动之间断裂的基础，或是构建一种超经验理论的基础，这种超经验理论是对人类知识常规形式与世俗形式的熟练、自由的补充。② 黑格尔以独特的唯心主义形式统一了理论与实践（理论观念与实践观念统一于认识③），这种统一克服了理论与实践各自的单面性，恰好统一于"认识论之中"。④ 在马克思那里我们发现了统

①　弗朗西斯·培根：《哲学文集》（Francis Bacon, *Philosophical Works*, J. M. Robertson ed. [London, 1905], p. 259），"人类知识和人类权力归于一；因为凡不知原因即时即不能产生结果。要支配自然，就须服从自然；而凡在思辨中为原因者，在动作中则为法则。"培根在其拉丁语版《新工具》一书中作出了同样的表述，参见《新工具》（Franc. Baconis de Verulamio, *Novum Organum Scientiarum*, Apud Adriantun Wijngaerum et Franciscum Moiardum [1645], p. 31）。

②　参见马克思恩格斯：《费尔巴哈——唯物主义观点和唯心主义观点的对立》，载于《马克思恩格斯文库》第 1 卷（Marx and Engels, Feuerbach [*Idealistic and Materialist Standpoint*], in *Marx and Engels Archives*, vol. i., p. 221）"分工只是从物质劳动和精神劳动分离的时候起才开始成为真实的分工。从这时候起意识才能真实地这样想象：它是同对现存实践的意识不同的某种其他的东西；它不想像某种真实的东西而能够真实地想像某种东西。从这时候起，意识才能摆脱世界而去构造'纯粹的'理论、神学、哲学、道德等等。"（此段译文引自《马克思恩格斯全集》[第三卷]，北京：人民出版社，1960 年，第 35—36 页。——译者注）

③　"作为认识的理念，它以理论和实践理念的双重形态出现。"参见黑格尔：《逻辑学》（Hegel, *Wissenschaft der Logik*, p. 391）。

④　列宁：《黑格尔〈逻辑学〉一书摘要》，载于《列宁选集》第 9 卷（Lenin, *Abstract of 'The Science of Logic'*, in *Lenin Review*, vol. ix., p. 270）。

一理论与实践的唯物主义（同时也是辩证的）学说，以及实践第一性和认识论中真理的实践标准。马克思作出了惊人的哲学综合，在它面前，带有神学与唯心主义扭曲的现代实用主义的无谓努力、虚构主义矫揉造作和勉强的构建等，都似乎是幼稚的胡言乱语。

理论和实践的相互作用，它们的统一性，是在实践第一性的基础上发展起来的。（1）在历史上：科学从实践中"生发"出来，"观念的生产"从"事物的生产"中分化出来；（2）在社会学上："社会存在决定社会意识"，物质劳动的实践是整个社会发展的持久"动力"；（3）在认识论上：作用于外部世界的实践是第一性"客观现实"①。由此可以得出非常重要的推论。在马克思才华横溢的《关于费尔巴哈的提纲》中，我们可以看到：

> 人的思维是否具有客观的真理性，这不是一个理论的问题，而是一个实践的问题。人应该在实践中证明自己思维的真理性，即自己思维的现实性和力量，自己思维的此岸性。关于离开实践的思维的现实性或非现实性的争论，是一个纯粹经院哲学的问题。（第2论题）

16

> 哲学家们只是用不同的方式解释世界，而问题在于改

---

① 此处英文版为"primary given quality"，俄文版为"первичная данность"。"данность"一词在书面语中表示客观存在或客观现实的意思。——译者注

变世界。（第 11 论题）①

这里，外部世界的问题被当作世界的改造问题而提出，对外部世界的认识问题也成为改造问题的一个组成部分，理论问题成了实践问题。

在实践上——从而也在认识论上——外部世界被"给定"为历史发展着的社会人所积极影响的客体。外部世界有它的历史，主体和客体之间的关系是历史的，这些关系的形式也是历史的。实践本身和理论、积极影响的形式和认识的形式、"生产方式"和"概念方式"都是历史的。外部世界的存在问题绝对是多余的，因为答案已经是很明显了，外部世界是"给定的"，正如实践本身是"给定的"一样。正是由于这个原因，实际生活中不会有人追随唯我论，那里没有不可知论者，也没有主观唯心主义者。因此认识论，包括人类行为学，作为人类行为学的认识论，必须以外部世界的实在性为出发点：外部世界不是一种虚构，不是一种幻想，不是一种假设，而是一项基本事实。正是出于这一原因，玻尔兹曼（Boltzmann）②以各种理由宣称，"外部世界的非实在性作为一个前提，是植入人脑的最大

---

① 马克思写于 1845 年春，原文为德文，第一次作为附录发表于《路德维希·费尔巴哈和德国古典哲学的终结》1888 年版单行本，译文引自恩格斯：《路德维希·费尔巴哈和德国古典哲学的终结》的附录卡尔·马克思：《关于费尔巴哈的提纲》，北京：人民出版社，2018 年，第 63—64、66 页。——译者注

② 玻尔兹曼：《流行经文》（Boltzmann, *Populare Schriften*, p. 905）。

的愚蠢……"，这与所有人类实践相矛盾。反之，马赫在其《感觉的分析》中却认为：从科学的（而不是实践的）立场来看，世界的实在性问题（它是否存在于现实之中，还是只是一种幻觉，一场梦境？）是不可容忍的，因为"就连最怪诞的梦，同任何其他事实一样，也是事实"。[①] 这种"认识论"从法伊因格（Vaihinger）[②] 那里获得一种直观性，他把虚构提升为一种认识的原则和认识"体系"。卡尔德隆（Calderon）在他那个时代就预见到了这种独特的梦游者式认识论：[③]

什么是人生？是疯狂，

什么是人生？是幻境，

是影子，是迷幻，

得意常少。

人生如梦，

梦亦如梦。

实践是一种对实在的能动突破，超越主体的限制，渗入客体，"人化"并改造了自然。实践是对不可知论的拒斥，是"自

---

① 马赫：《感觉的分析》。

② 法伊因格：《如是哲学》，第 91 页。"物质这样一个虚构，如今已成为思考者头脑中的一个普遍信念。"

③ 卡尔德隆：《人生如梦》（Calderon, *La Vida es Sueno* [Zuickavia, 1819]），收录于西班牙著名诗人唐·卡尔德隆·德拉巴尔卡的喜剧中。

在之物"向"为我之物"的转化过程，是思想的适当性与真理性（从历史上看，作为一个被认识的过程）的最佳检验——历史地理解为一个过程。因为，如果客观世界通过实践并依据实践（其中包括理论）而改变，这意味着实践证实了理论的真理性；也意味着我们一定程度上（并将越来越多地）了解了客观实在及其性质、属性和规律性。

因此，正如恩格斯在《反杜林论》①中所评论的那样，技术的事实驳倒了康德的不可知论——黑格尔所谓的"无价值学说"。② 如果皮尔逊 (K.Pearson) 在《科学的规范》（*Grammar of Science*）中将柏拉图的著名洞穴现代化，代之以电话站，并用电话信号代替柏拉图所谓的观念的暗淡影子，那么他可以由此论证他自己的被动 - 玄想的认识概念。真正的主体——社会的和历史的人——绝不像皮尔逊的电话接线员或者柏拉图的影像观察者。同样，也根本不同于那些在速记中发明"方便"符号的速记员，虽然那些进行哲学探讨的数学家和物理学家（罗素、维特根斯坦、弗兰克、石里克等）希望把他变成这种速记员。他正在积极地改造世界，他改变了整个地球的面貌。在生物圈

---

① 恩格斯：《反杜林论》（F. Engels, *Herrn Eugen Duhrings Umwalzung der Wissenschaft*）。

② "我们不知道实在，我们只知道偶然的和消逝着的东西——微不足道的现象——这是没有价值的学说，它已经制造并且正在制造着最大的噪声，而且它已经在哲学中占据主导地位。"黑格尔：《哲学全书》（Hegel, *Encyclopaedia of Philosophic Sciences*），第一部分，1881 年 10 月 22 日的演讲。

中生活和工作的社会人，① 从根本上改变了这个星球的面貌。②
自然景观日益变为某些工业或农业部门的场所，人造介质充满
了空间，技术和自然科学的巨大成就摆在我们面前，随着精密
测量仪器和新研究方法的发展，我们的认识范围得到了极大拓
展：我们已经能够测量星球的质量，研究它们的化学构成，拍
下肉眼看不见的射线等。我们预测世界的客观变化，并改造世
界。但是如果没有真正的知识，这些都是不可想象的。纯粹的
符号论、速记法，符号体系和虚构的体系，都不能作为主体改
造客体的工具。③

18　　从历史观点来看，认识是对客观实在越来越适当的反映。
因此，认识的正确性标准从根本上说就是它的适当性标准，即
它与客观实在的符合程度。如果只是论及改造客观世界的社会
人用以实践的工具（马克思的"革命的实践"，恩格斯的"变革
的实践"），而不是啤酒店里庸人的个体"实践"的工具，那么

---

① 参见 V. 维尔纳茨基院士：《生物圈》（V. Vernadsky, *Member of Academy: The Biosphere* [Leningrad, 1926], [Russian]）。

② 布哈林在此处援引了维尔纳茨基的"生物圈"概念。生物圈在人类活动的影响下，进入新的进化状态，即智慧圈。智慧圈是社会与自然之间相互关系的统一，在其范围内，人类活动是发展的决定因素。——译者注

③ 现代物理学家和数学家的特性正如弗兰克的如下表述："我们看到：没有任何一种问题如同学院哲学所说的那样，会产生'思想和客体之间的对应关系'，而始终只是发明一种程序，这种程序通过巧妙地选择符号系统的秩序，并将之带入我们的经验，从而使我们更容易掌握它们。"参见弗兰克：《当前的物理理论对一般认识论意味着什么?》（Ph. Frank, "Was bedeuten die gegenwartigen physikalischen Theorien fur die allgemeine Erkenntnislehre?" in *Erkenntnis*, vol. i., pp. 2-4; pp. 134-135）。

真理的工具性标准就与这一标准不但不矛盾，而且相一致。因此，必须果断地拒绝实用主义（接近于实用主义的柏格森、詹姆斯等人）的"工具性标准"。詹姆斯把祈祷、宗教的迷狂"体验"等都纳入实践的范围之内；他怀疑物质世界的存在，但丝毫不怀疑上帝的存在，顺便指出，很多拥护所谓"科学思想"的人（A. S. 爱丁顿、R. A. 密立根等）也是这样的。[1] 思维经济的标准[2] 绝不能成为标准，因为经济本身只能在事后确立：如果独立地把经济作为单纯的认识原则本身，它意味着对思想复杂性（即思想的刻意偏差）的先验消除。这样，"经济"就转向了它的最反面。"人的思维在正确地反映客观真理的时候，才是'经济的'，而实践、实验、产业是衡量这个正确性的准绳。"[3]

因此，我们看到现代资本主义的认识论不是完全不涉及实践问题（康德主义，参看 H. 柯恩的《纯粹认识的逻辑》，1902年，第 12 页："我们从思维开始，思维不可能在其自身之外有其起源"），就是匹克威克式地对待实践，把实践从物质世界或

19

———————

① "上帝是实在的，因为他产生了真实的影响。"（第 517 页）"我相信使宗教更加深刻的实用主义方法……我不知道还有什么比信仰状态和祈祷状态中经历的真实流动更神圣的事实……但我自己准备为之冒险的更高信仰是它们的存在。"（第 519 页）威廉·詹姆斯：《宗教经验种种》。也参见《实用主义》，第 76 页。施图迪还正确的观察道："他谴责实用主义为神学的婢女，我曾把实用主义称为'平庸的实用主义者的身体和肠胃哲学'。"

② 马赫主义的重要原则之一即"思维经济原则"，是马赫、阿芬那留斯等经验批判主义者用来作为认识论基础的"费力最小"原则。——译者注

③ 列宁：《唯物主义和经验批判主义》，载于《列宁选集》第 8 卷（Lenin, *Materialism and Empiriocriticism*, in *Works*, vol. xiii. [Moscow, 1947]）。

从认识的"最高"形式（实用主义、约定主义和虚构主义等）中割裂出来。唯一正确的立场是辩证唯物主义，它拒斥了各种唯心主义和不可知论，克服了机械唯物主义的狭隘性（反历史、反辩证法、无法理解质的问题，玄想"客观主义"等的特征）。

二、社会学视角下的理论与实践。社会的历史形式和理论与实践的联系

辩证唯物主义作为一种认识方法应用于社会发展，便有了历史唯物主义理论。通常认为马克思主义是一种机械的、自然科学唯物主义[①]的变体，类似于 18 世纪法国百科全书派或毕希纳－摩莱肖特（Büchner-Moleschott）的学说[②]。这是根本错误的。因为马克思主义完全建立在历史发展的观念之上，与百科全书派的过度理性主义格格不入。[③] 关于一般理论的问题必须从

[①] 这里需要了解 "Естественно-научный материализм（自然科学唯物主义）" "Естественно-исторический материализм（自然历史唯物主义）" 两个词。列宁在《唯物主义和经验批判主义》中，对后者作了定义：绝大多数自然科学家对我们意识所反映的外部世界客观实在性的自发的、不自觉的、不定性、哲学上无意识的信念。参见《唯物主义和经验批判主义》，人民出版社，2020 年，第 366 页。《Философский словарь》（政治文献出版社 1963 年版《哲学词典》，莫斯科）中，将自然科学唯物主义和自然历史唯物主义等同看待，《唯物主义和经验批判主义》的中译本中，也将后者译为自然科学唯物主义。——译者注

[②] 俄文版中的表述为 18 世纪法国启蒙派或毕希纳－摩莱肖特的学说。——译者注

[③] 尽管如此，对马克思主义的众多"驳斥"还是以辩证唯物主义的机械性和其社会学面向（历史唯物主义理论）作为前提的，这颇具特色。参见 N.N. 阿列克谢耶夫：《社会科学和自然科学在其方法的历史相互关系中》第一部分"社会的机械理论、历史唯物主义"（N.N.Alexeyev, The Social and Natural Sciences in the Historical Interrelation of their Methods [Moscow, 1912]）。其他人不熟悉这一问题，却企图做出更深层次的批评，尽管他们人数众多。

社会理论的观点出发，即从社会学和历史学的观点出发。

目前，所有多少了解事实的科学家和研究人员都承认，理论是从实践中起源的，任何学科总归都有其实践根源。[①] 从社会发展的观点来看，科学或理论是实践的延续，但"通过其他手段"（对克劳塞维茨著名论断的改写[②]）。在社会生活再生产的总体过程中，科学的功能是面向外部世界、面向社会的功能，是扩展、深化实践，提高其效率的功能，是与大自然、与社会发展的自发性、与该社会历史秩序的各种敌对阶级进行特殊形式斗争的功能。科学的自给自足观念（"为了科学而科学"）

20

---

① 关于巴比伦人、埃及人、希腊人、罗马人、中国人、印度人等的数学，参见康托尔：《数学史讲座》（M. Kantor, *Vorlesungen uber die Geschichte der Mathematik,* vol, i., 3rd ed. [Leipzig, 1903]）。也可参见 F.J. 穆尔：《化学史》（F. J. Moore, History of Chemistry）；奥托·维纳：《物理学与文化发展》（Otto Wiener, *Physics and the Development of Culture*）；R. 埃斯勒：《科学史》（R. Eisler, *Geschichte der Wissenschahen*）；A. 波尔多：《19 世纪物理、化学和生物科学史》（A. Bordeaux, *Histoire des sciences physiques, chimiques, et geologiques an xix. Siècle* [Paris et Liege, 1920]）。"必须研究自然科学各个部门的顺序的发展，首先是天文学——游牧民族和农业民族为了定季节，就已经绝对需要它。天文学只有得到数学的帮助才能发展，因此数学也开始了。后来，在农业发展的某一阶段和某个地区（埃及的提水灌溉），而特别是随着城市和大建筑物的产生以及手工业的发展，力学也就发展起来了。不久，航海和战争也都需要它……科学的发生和发展一开始就是生产所决定的。"恩格斯：《自然辩证法》，载于《马克思恩格斯文库》第二卷（F. Engels, *Dialectics of Nature, Dialectics and Natural Science,* in *Marx and Engels Archives,* vol. ii., p. 69）。

② 克劳塞维茨强调实践高于理论的首要地位，任何理论都是基于生活的实际事实，战争理论是一种"经验科学"。他在《战争论》中，就战争与政治的关系，提出了"战争是政治通过另一种手段的继续"的论断。列宁对此评价道：马克思主义者一向公正地把这一论点看作考察任何一场战争的意义的理论基础。马克思和恩格斯一向就是从这个观点出发来考察各种战争的。参见《社会主义与战争》，载于《列宁全集》第二十六卷，北京：人民出版社，2017 年，第 319—363 页。——译者注

是幼稚的：它把职业科学家的主观热情与这种具有巨大实践意义的活动的客观社会作用相混淆，尽管职业科学家在高度分工的系统中，在一个支离破碎的社会情境中工作，个体的社会功能在各种类型、心理以及热忱中提炼出来（正如席勒所说，"科学是女神，而不是奶牛"）。如同对社会生活其他现象的崇拜一样，科学崇拜及其相应范畴的神化是社会在意识形态中的歪曲反映。在那里，科学被视为绝对价值和最高价值的代表，而劳动分工则破坏了社会功能之间的明显联系，并使它们相互分离。然而，在历史发展的进程中，任何——甚至最抽象的——学科都有着相当明确的重要性。当然，这并不是指任何个别原理都具有直接的实践意义，例如数论领域的原理、集合论或条件反射理论；而指涉的是整体上的系统、相应的活动以及科学真理（归根到底，是"与自然斗争"和社会斗争的理论表达）链条的问题。在人类发展的纯动物阶段，人类与外部世界发生积极联系是以人的自然器官为先决条件的。现在这一联系被另一种联系所取代，这种联系通过中介并借助"自然器官的延续"，也就是借助"社会人的生产器官"（马克思）、劳动工具和社会技术系统来实现。起初这一体系真正是人的身体器官的"延续"，[①] 后来它变得复杂，并获得了自身的运动法则（例如，现

21

① 参见马克思：《资本论》（Marx, *Capital*, vol. i. [English], p. 158）："这样，自然物本身就成为他的活动的器官，他把这种器官加到他身体的器官上，不顾圣经的训诫，延长了他的自然的肢体。"也可参见恩斯特·卡普：《技术哲学原理》（Ernst Kapp, *Grundlinien einer Philosophie der Technik* [Braunschweig, 1877], p. 42）。

代机器的循环运动）。但它的历史发展仍然是面向外部世界的，同样借助于人造的认识工具和"精神"劳动工具，无数倍地扩展了身体自然器官的活动范围和使用工具的能力。微量天平、水位仪、地震仪、电话、望远镜、显微镜、超显微镜、极微时间测定器、迈克尔逊干涉仪、电子温度计、测辐射热仪、厄斯特（Elster）与盖特（Geitel）的光电元件、验电器和检流计、静电计、恩哈特（Ehrenhaft）和密立根（Millikan）的仪器等，所有这些都不可估量地扩展了我们的自然感觉能力，打开了新的世界，给技术的胜利前进提供了可能性。物质的电子性质是科学的"最后的词语"，而我们缺乏的恰恰是"电子感觉"。这一事实是针对日益增多的不可知论者的历史反讽。这些不可知论者完全不理解间接知识的意义，把认识的整个过程简化为同义反复的制造[①]。"然而整个电子世界还是通过人造感官的应用而揭示出来的。"[②] 由此证明无论"感觉器官"，还是所谓的"世界图景"，都是历史变量。随着作为整体的现代人的广阔实践而变化，这一"世界图景"比以前的任何图景都更符合实在，因此对实践来说也是极富成效的。

[①] "更确切地说，我们认为，只有观察才能让我们了解构成世界的事实，而所有的思考都不过是对同义词的转化。"汉斯·哈恩：《科学世界观的重要性，特别是对于数学和物理学而言》（Hans Hahn, "Die Bedeutung der wissenschaftlichen Weltauffassung, insbesondere fur Mathematik und Physik," in *Erkenntnis*, vol. i., 1930, No.2-4, p. 97）。这群经验批判主义者们不能理解感知活动的产物在质上不同于感觉的"原始材料"，就像制作完成的机车在质上不同于它的金属部件一样，尽管它是由这些金属部件构成的。

[②] O. 维纳：《物理学与文化发展》，第 41 页。

22　　　　因此，人历史地被认为是社会人（与卢梭笔下开明的鲁宾逊相反，他借助"契约""建立"社会和历史，就像建立一个国际象棋俱乐部那样）。这一社会人，即人类社会，为了生存，必须进行生产。太初有为（Am anfang war die Tat，与基督教的道相对："太初有道"）。[1] 生产是社会发展的真正起点。[2] 在生产过程中，社会与自然之间发生了一种"物质变换"（马克思）。这是一个能动地作用于历史的人和社会的人的物质过程，在这一过程中，人与人、人与劳动工具之间存在着一种确定的联系。这些联系是历史的，它们的总体构成了社会的经济结构。它也是一个历史变量（与之形成对照的是"一般社会""永恒社会""理想社会"等理论）。社会的经济结构（"生产方式"）首先包含阶级关系。在这一基础上产生出"上层建筑"：政治组织、国家权力、道德规范、科学理论、艺术、宗教、哲学等。"生产方式"也决定着"观念方式"：理论活动是社会生活再生产中的一个"步骤"；其材料由经验所提供，其广度依赖于对自然力的作用程度，归根到底，取决于生产力的发展、社会劳动生产率和技术发展水平。推动力从实践所提出的任务而来；形成的原理和就其本义上的"观念方式"反映了"生产方式"、社

---

[1]　歌德在《浮士德》的开头，让浮士德把《圣经·约翰福音》中的"太初有道"改译为"太初有为"。——译者注

[2]　对于一些现代物理学家来说，这也不是秘密。"生存的物质条件比审美、道德或智力条件更基本。一个小孩必须先得到喂养，然后才能受教育。高于动物的某些生存标准是人类发展任何特殊品质的预备条件。"参见弗雷德里克·索迪：《科学与生活》（Frederic Soddy, *Science and Life* [London, 1920], p. 3）。

会阶级结构以及社会的复杂要求（封建社会中的等级、权威、阶层和人格化上帝的观念；资本主义商品社会中命运的非人格力量、自发进程、非人格化上帝等观念）。主流观念是统治阶级的观念，统治阶级是给定生产方式的载体。①

但是，正如自然的历史发展改变了物种的形式，以生产力的运动为基础的社会的历史发展改变了劳动的社会－历史

23

---

① 时髦的德国哲学家和《基督教先知》(*Christian-Prophetic*)与《社会主义》(*Socialism*)的作者，马克斯·舍勒（Max Scheler），在对马克思主义进行殊死反抗时，从马克思主义那里借来许多基本原理，结果产生了令人完全无法忍受的混乱。为了阐明马克思主义对于这位天主教哲学家的影响，我们从其大作《知识的形式与社会》(Max Scheler, *Die Wissensformen and die Gesellschaft*, [Leipzig, 1926])第204—205页引用了如下段落：

因此，只有思维的和感知的形式类型确实有可能由于阶级的不同而各不相同——但是，这一点只涉及那些支配绝大多数个案的法则，因为从原则上说，每一个个体都有能够克服其阶级态度。我提出下列与这些由各种阶级决定的、思维的形式类型有关的例子。我将简明扼要地概括论述它们和它们所具有的社会学方面的关联：

1. 与时间意识有关的价值预期主义——下层阶级；价值回顾主义——上层阶级

2. 对生成过程进行反思——下层阶级；对存在进行反思——上层阶级

3. 机械论世界观——下层阶级；目的论世界观——上层阶级

4. 实在论（世界主要是作为"抵制"而给定的）——下层阶级；观念论（世界主要是作为一个"观念的王国"而给定的）——上层阶级

5. 物质至上主义——下层阶级；精神至上主义——上层阶级

6. 归纳，经验主义——下层阶级；先天的知识，理性主义——上层阶级

7. 实用主义——下层阶级；理智主义——上层阶级

8. 对未来持乐观主义观点并且进行悲观主义的回顾——下层阶级；对未来持悲观主义观点并且进行乐观主义的回顾（"过去的好时光"）——上层阶级

9. 寻找各种矛盾的思维或者说"辩证"思维——下层阶级；寻求同一性的思维——上层阶级

10. 全神贯注于那些关于具体环境的理论的思维——下层阶级；本土文化保护主义思维——上层阶级（转下页）

形式"社会结构""生产方式",它们一起改变了整个意识形态上层建筑,上至并包括认识论和思维幻想的"最高"形式。因此,生产力的运动、生产力与社会劳动的历史形态之间的矛盾,都是这些形式发生变化的原因,通过阶级斗争(就阶级社会而言)和过时的社会结构(即由"发展的形式"转变为"发展的束缚")的解体而实现。这样,物质劳动实践是整个过程的基本动力,阶级斗争实践是社会变革的批判的革命实践(取代"批判的武器"的"武器的批判"),科学认识实践是物质劳动实践(自然科学)、管理实践和阶级斗争实践(社会科学)的特殊形式的延续。认识形式的"阶级主观主义"绝不排除认识的客观"意义":在某种程度上,每个阶级都有各自的对外部世界和社会规律的认识,但这些具体的思想方法在其历史进程中,是以不同的方式制约着其认识充分性的发展进程的,并且历史的前进可能会使这种"思想方法"成为认识本身的束缚,这发生在特定生产方式及其拥护阶级瓦解的前夕。

24 　　我们也应该从历史唯物主义的角度处理极其复杂的理论(纯粹)科学与应用科学之间的相互关系问题②。这里有很多不

---

① （接上页）这个原初的列表极其概略且是非历史性的,但它包含了真理的个别元素。然而,这一事实并没有阻止舍勒站在"上层阶级"一边,从而进入完全符合宗教形而上学的深奥之处。

② 第二届国际科学技术史大会分设三个主题:科学史作为史学不可分割的部分、物理学与生物学的相互关系、纯粹科学与应用科学的相互关系。——译者注

同的解决方案：（1）以因果论序列（"自然律"、规律）与目的－规范论序列（规则、规则体系、规定）之间的差异为标准；[①]（2）以所对应的不同客体作为划分标准——"纯粹"科学研究人面对的自然环境，应用科学研究人造环境（机器、运输技术、仪器、原材料等）；[②]（3）以时间为标准（"纯粹"科学从长远着眼，展望未来，而应用科学服务于"当下需要"）；[③]（4）最后，以特定科学的一般性（"抽象"）程度为标准。

有必要对此进行评论：

（1）关于第一个标准：从目的论而言，上述所提出的"科学"实际上不是科学，而是艺术[④]。然而，任何规范体系（我们这里指的不是伦理之类）都取决于客观规律体系，这些客观规律体系或被隐蔽地接受，或同样地被直接提出。另一方面，就科学一词的特定含义（"纯粹科学"）而言，科学不是"纯粹的"，因为客体的选择实际上终究是由目标决定的，这反过来可

---

① 参见胡塞尔：《逻辑研究》（E. Husserl, *Logical Researches*）；参见 M. 罗蒙洛索夫：《论化学的效用》，载于《罗蒙洛索夫选集》（M. Lomonosov, *On the Value of Chemistry*, in *Works*, vol. iii. [St.Petersburg, 1840], p. 1）。

② 参见保罗 尼格里：《纯粹科学和应用科学》（Paul Niggli, "Reins und angewandte Naturwissenschaft," in *Die Naturwissenschaften*, 19. Jahrffang, Heft I）。

③ 参见 W. 奥斯特瓦尔德：《充满活力的命令》（W. Ostwald, *Der energetische Imperitiv*, I. Reihe [Leipzig, 1912], pp. 46, 53）。

④ 文中使用的是"Künste"一词，按罗蒙诺索夫理解为"Художество"（艺术 [古]）。——译者注

以而且必须从社会发展的因果律角度来考虑。①

25 　　（2）关于第二个标准：例如，机械工程学也许是作为一项
"纯粹的"研究而提出的——理论的，没有规范，没有建构性
的规则；但是通常在对它的阐述中，我们也有目的－规范性因
素。这同样也适用于比如材料的耐受性、商品学等。这不是偶
然，因为客体本身（"人造环境"）是物质的实践。

　　（3）关于第三个标准：一项明显的实践任务也可能是"长
期的"（例如航空学问题，它存在了几个世纪，或者当前的远距
离能量传输问题），总是有其"纯粹实践"②等价物的任务也同
样如此。

---

　　① 最近仍很流行的李凯尔特（H. Rickert）学派依靠一种逻辑上幼稚的观念，即与社
会科学相反，自然科学不存在"与价值的联系"，在社会科学与自然科学之间挖出一条不
可逾越的鸿沟。只要我们考虑到对象的选择，这种"与价值的联系"就同样存在于自然科
学之中。然而，目的论作为一种发现客观规律的理论原则体系，必须被逐出科学，这对社
会科学和自然科学同样适用。然而，李凯尔特主义对于资产阶级的"存在的目的论"观点，
使社会科学迅速衰退为科学的非存在，越来越转变为对资本主义制度的简单辩护，这对李
凯尔特们来说无疑是最突出的"价值"。至于李凯尔特提出的另一个"原则"区别（社会
科学的历史特征和自然科学的非历史特征），也是基于一种极端狭窄的观念，他只注意到
一些社会现象的历史演变，而没有看到自然的历史。目前，一个新的学派出现并取代了李
凯尔特－狄尔泰（Rickert-Dilthey）的位置——韦伯（M.Weber）、斯潘（O.Spann）、桑巴
特（Sombart）——他们宣称对外部自然（"事物的本质"）的感知是不可能的，而感知
社会现象的"感觉"是完全可能的，桑巴特进一步主张自然科学具有实际价值，而社会科
学不能有任何实际应用。现代资产阶级的科学真正开始用头走路了！参见桑巴特：《三种
国民经济与经济研究的历史和体系》（Sombart, *Die drei Nationalokonomien v. Geschichte und
System der Lehre von der Wirtschaft* [Duncker und Humblot, 1930]）。

　　② 此处英文版中为"purely theoretical"（纯粹理论的）；俄文版中为"чисто
практический"，译为"纯粹实践的"。按照文意，应选取后者。——译者注

（4）关于第四个标准：非常具体的学科也可能是"纯粹理论的"，因为知识已经分化为很多分支学科，并且变得非常专门化。例如，人们很难把雅弗学说（Japhetic theory of language）划到应用科学之列，尽管它当然也和一些最重要的实践任务密切相关。（这里我们也应该注意具体和抽象这两个概念的相对性）

因此，显然所有的定义都有缺陷。最准确的定义是按照因果和目的论序列特征进行的划分。然而，从实际关系的角度我们也可以看到明显的缺陷。但是逻辑定义的所有这些缺陷都揭示了实在的客观辩证法：这里出现了矛盾，因为理论与实践之间本身就存在着客观的矛盾，同时它们又是统一的；作为人类活动的对立两极，它们之间相互区别同时又相互联系；它们作为一些功能，作为社会劳动的一些分支，单独存在着，但同时作为总体"社会生活的生产"的一些步骤，又是整体地存在着的。在精确划分应用科学与理论科学的困难下，跳动着理论与实践之间关系的辩证法，它们相互转化：这在学院逻辑和学究式的定义框架中容不下，也不能够容下。在现实中，我们拥有一个包含各门理论学科的完整链条，它们通过内部联系连接在一起（"每一门科学都是分析某一个别的运动形式或一系列互相关联和互相转化的运动形式的，因此，科学分类就是这些运动形式本身依据其内部所固有的次序的分类和排列，而它的重要性也正是在这里。"）①。这些学科产生于实践，实践首先为自身设定了"技术"任务，后者反过来要求"理论"问题、首要问题、次要问题等的解决，由此，秩序，一种运动的特殊（相对）逻辑被创造出来。因此实践成长为理论：寻求行动的规则变为寻找客观联系的规律；问题及其解决缔造了无数的结点和交织，这些结点和交织有时反过来滋生出许多等级较低的学科，并且通过工艺渗透技术——由此，渗透物质劳动的直接实践，并改造了世界。在这里，规律转变为一种行动的规则，富有洞察力的决定被行动所证实，指涉外部环境变成了对那些环境的改造，理智沉浸在意志当中，理论再一次回归到实践的形式。但是，作为最终结果，这一蜕变绝不是对上一轮实践的简单重复，因为实践变成了一个基于更强大且不同质的基础之上的实践。

27   "纯粹"科学与"应用"科学的问题，反映和表达了理论与实践的问题，但它并不是一个纯粹的逻辑问题。它本身是一个历史问题，是一个历史实践的转换问题。这一问题在资本主义秩序核心深处的尖锐性，甚至这个问题的提出本身，都是某种真实分裂的理论表达，这种分裂是理论与实践之间的职业和阶级的固定分裂，当然分裂是种相对而非绝对的分裂。因此，分

---

①   恩格斯：《自然辩证法》（Engels, *Dialectics of Nature*, pp. 31-33），亦可参见黑格尔：《精神现象学》（Hegel, *Phenomenology of the Spirit* [St. Petersburg, 1913], p. 112）："表征不仅必须与认识有本质联系，而且还必须是事物的本质定义，因此人造系统必须与自然本身的系统相一致，并且只表达这一系统。"

裂是一种历史现象：它与一定的历史－经济形态，与一定历史
阶段的"生产方式"，与脑力和体力的劳动分工，与阶级的分化
密切相关。因此，我们有充分的理由相信理论与实践之间关系
的独特性质也可以用来区分社会－经济形态（"生产方式""经
济结构"）的不同。实际上，在神权政治的古埃及中也存在着
自然集中的计划经济；知识（理论）与实践最紧密地联系在了
一起，因为它适当地被导向实践。但是这种联系是种特殊类
型。知识对于大多数劳动者而言都是难以接近的：他们的实践
是盲目的，知识被一种令人畏惧的神秘光环所环绕。在这种意
义上，理论与实践之间存在着巨大的断裂。如果比较工业资本
主义时期与"经济人"繁荣、无限个人主义以及"自由放任主
义"时期，我们将看到不同的景象。没有人在社会规模上系统
地提出认识问题或已有知识的应用问题。劳动分工创造了一个
科学家和理论家群体，他们与统治阶级密切相关，又因竞争而
相互分裂。理论和实践的关系在很大程度上是"私下"建立起
来的。但是脑力劳动和体力劳动的划分并没有消失；它获得了
另一种表达：从技术观点来看的某种程度的"知识民主化"，一
个由技术人员和其他知识分子组成的巨大社会阶层的形成，科
学的专门化，与广大实践工人（雇佣工人）的意识完全不相干

的高度理论概括的创造。这是另一种类型的联系。①它不可避免地导致了抽象的、不涉人情的科学拜物教（为了科学而科学），和科学的社会自我意识的消失等。

28　　现代资本主义在新的、更有力的工业托拉斯以及相应的科学组织基础上，再造了这种无政府状态。但它既不能揭示出一种科学的综合，也不能获得科学自觉而达到组织化，或与实践相融合。这些我们深切感受到的问题，已经超出了资本主义的界限。

三、苏联的理论与实践以及历史唯物主义的经验检验

综上，理论与实践的问题既是一个理论问题，又是一个实践问题：理论、实践以及理论与实践的结合形式，都与某一特定的社会历史秩序及其发展和"运动"联系在一起。因此，毫无疑问，从当下我们考察问题的角度来看，一个社会生活的激烈动荡阶段（革命）和一种新的社会秩序（未来的社会主义）无疑都是非常引人注目的。

---

①　还可以援引许多例子，穆尔在我们以上引用过的《化学史》中，这样描述希腊哲学家："他们缺乏对化学转化的直接认识。由于他们的社会地位，他们不能直接接触那些有可能把实践信息传递给他们的人，那个时代的普遍精神使他们轻视实验，轻视体力劳动。只有纯粹的思想才是哲学家应该做的。"（第 2 页）"在古代，科学的缓慢发展可以用理论和实践的分离来解释。劳动的人和思考的人之间没有接触。"（第 9—10 页）也可参见赫尔曼·迪尔斯：《希腊人的科学技术》（Hermann Diels, "Wissenschaft und Technik bei den Hellenen," in *Antike Technik* [Trubner, Leipzig & Berlin, 1920]）第 21 页及以后。参见马克思在《资本论》第一卷中对亚里士多德的评论。

所有知识都要通过经验在实践中被检验。对于系统化的知　29
识、理论、理论倾向以及"学说"来说，也同样如此。与此相
关的首先是马克思主义，它接受历史天平的衡量，并已经从各
方面得到了证实。马克思主义预言了战争；马克思主义预言了
革命时期和我们所处时代的整体特征；马克思主义预言了无产
阶级专政和社会主义制度的兴起；甚至更早之前就出色地论证
了资本集中和集中化理论等。革命已经证实了伟大的偶像破坏
者奠定了社会的基本联系和相互依存的现实意义。现在，国家
对于资产阶级科学而言是一种独特的有机体（甚至到了决定其
性别的地步）、一种空想、一种"绝对精神"的表达、一种大
众意志的联合组织等。革命摧毁了一个国家而建立起另一个国
家：它已经实践地侵入了实在领域，并确定了这个国家的组成
部分、功能、人员、"物质附属物"、阶级意义以及经济学意义。
革命完全证实了马克思的国家理论。法律规范和"法律"自身
也同样如此：法律拜物教已经被粉碎。道德，在康德的绝对命
令中找到了"理论依据"并达到了神化的最高阶段，它揭露自
身为一种相对的历史规范体系，并且有非常世俗、非常社会、
非常历史性的起源。宗教，作为人类思想的最高产物而被尊
崇，它是主人与奴隶社会的印痕，是遵循二元社会模式——一
种统治与剥削的等级关系模式——的一种建构。正是由于这一
原因，它开始迅速灭亡。

但是，作为物质变革必然结果的"思维范畴"的变革尚未
结束。我们正在目睹它的第一个阶段。这里有必要联系理论与

实践问题进行详细研究。

资本主义经济制度本质上是一种自发性无组织的、整体上为非理性经济生活的体系（"生产的无政府状态"、竞争、危机等）。社会主义经济制度是一个有组织的、有计划的、反剥削者的经济体系，在这一体系中，城镇与农村、智力与体力劳动的区分将逐渐消失。因此，巨大的后果随之而来。首先必须指出的是社会规律特征的变化。资本主义的规律是自发性规律，它的形成不以人的意志为转移（有时甚至与其相悖，其典型示例是产业周期规律、经济危机规律等）。这种社会规律使自身表现为强制性法则，其威力"犹如房屋倒塌时你面临的灭顶压力一般"[①]。

30　　　这种规律性对于个体行动而言是非理性的，但即便如此，每个人仍必须按照一切理性计算法则来行动。这种非理性的生活之流是资本主义结构的无政府特征的产物。有组织的社会主义社会中的规律性属于完全不同的类型，它失去了（如果我们谈论的是一个过程，就是开始失去）它的自发性特征；未来作为一项计划、一种目标处于前方；因果联系通过社会目的论实现出来；规律性本身不是后验的、无法预见的、不可理解的与盲目的；它自身表现为"被认识到的必然"（"自由就是被认识到的必然"），并通过社会规模的有组织行动实现出来。因此，

① 马克思：《资本论》（Marx, *Capital*, vol. i.），也参见恩格斯：《论路德维希·费尔巴哈》（Engels, *Ludwig Feuerbach*）。

这里呈现出一种完全不同的规律性，一种不同的个体与社会的关系，一种不同的因果序列与目的论序列的关系。在资本主义社会中，对事件一般进程的理论预见并不为直接控制该进程提供工具（也没有主体为自己提出这项任务：社会本身是无主体的、盲目的和无序的）。而在社会主义社会中，对必然性的理论预见则能立即成为整个社会，即"全体"的行动规范。因此，随着历史进程中逐步消除脑力劳动与体力劳动之间的差别，理论与实践相融合以及它们之间的社会大综合成为可能。

在资本主义的经济生活中，不同生产部门在基本社会需求中的占比是通过价格自发波动确定的，而反映价值规律的价格波动在社会生产生活中则起着自发调节器的作用。在社会主义的经济生活中，资源（生产工具和劳动力）的分配是计划的一项建设性任务。但计划不是从天而降的：它本身是对"被认识到的必然"的表达。因此，在这里（1）认识的任务极其繁重；（2）这种认识必须包含大量问题，并在每门学科的成果中表现出来；（3）这种认识必须是综合的，因为计划是一种综合，而且科学制定的计划只能依赖于综合；（4）这种认识与实践直接相关——它依赖于实践、服务于实践、转化为实践，因为计划是能动的——计划同时又是揭示因果规律性的科学思想成果，是一种方针体系、一种行动工具，是一种实践的直接调节器和实践的组成部分。但是社会主义建设的计划不仅是对经济的计划——生活的理性化进程，逐步摆脱经济领域中的非理性压制——计划原则也进入了"精神生产"领域、科学领域和理论领域。由此，出现了一个新的、更复杂的问题：社会的物质－经济基础、物质劳动与"精神劳动"之间的关系、"精神劳动"内部关系的理性化问题——这一问题的最鲜明表达就是科学规划问题。[①]

31   在资本主义的意识形态领域中，意识形态劳动的各部门之间社会必要性的某种明确比例（比经济领域中确定性要低很多！）几乎不受国家控制（唯一完全受国家控制的领域是宗教观念的生产和传播，这种控制通过国教组织来实现）。发展的规律性在这里是自发性的，历史唯物主义提出的那些基本原则无法作为统治阶级在社会范围内的行动规范，出于同样的原因，资本主义的"计划"也无法实现：计划与资本主义自身结构相矛盾，与其构造和发展的主导因素相矛盾。而社会主义的建设以一种新的方式提出整个问题。经济与意识形态、集体经济实践与理论劳动各分支之间相互依赖的自发性规律，在很大程度上为计划原则腾出了空间。同时，所有历史唯物主义的基本理论都得到了证实：人们可以真实地感受到苏联的快速和集约型增长是怎样迫切地要求一系列技术问题的解决，而这些技术问题反过来又是怎样提出最伟大的理论问题，包括物理学和化学的一般问题。人们可以真实地感受到苏联农业的发展是怎样推进了遗传学、普通生物学等的发展。我们可以看到，由于急需研究苏

---

①   参见《第一届全苏科研工作规划大会文集》（*Proceedings of the 1st Conference on Planning of Scientific Research Work* [Moscow, 1931]）。

联的自然资源，地质学的研究领域得以拓展，地理学、地理化学等学科得到了推进。并且所有那些认为科学的"效用"意味着科学退化与视野收缩的观念都明显是一种思想的贫乏。伟大的实践需要伟大的理论。苏联的科学建设正在进行，这是一种科学"上层建筑"的自觉建设：科学工作的计划首先由技术－经济计划以及技术和经济的发展前景所决定。但这意味着我们由此获得的不仅是一种科学的综合，而且是一种科学与实践的社会性综合。资本主义所特有的理论与实践的相对分离正在被消除。科学拜物教正在被废除。科学正达到其社会自我认识的顶点。

但是社会主义的理论与实践的统一是最彻底的统一。因为，通过逐步消除脑力劳动与体力劳动之间的差别，把所谓的"高等教育"扩展到全体工农大众，社会主义在群众的头脑中把理论与实践融合在一起。因此，理论与实践的综合在这里意味着科研效率和社会主义经济效率的整体大幅提高。理论与实践的统一、科学与劳动的统一是人民群众进入文化创造舞台的入口，无产阶级从文化的客体转变为文化的主体、组织者和创造者。这一文化存在的最根本处的革命必然伴随着科学方法上的革命；综合预示着科学方法的统一；这一方法就是辩证唯物主义，它是人类思想最高成就的客观表现。科学劳动组织也相应地建立起来：伴随着集中的计划经济，科学机构的组织正在形成，它正被改造为庞大的工人联合体。①

这样，一个新社会产生了，它迅速成长起来，很快超过了它的资本主义对手，越来越展现出其内部结构的潜在可能。从世界历史的角度来看，全人类、全世界已经分裂成两个世界、两种经济和文化－历史制度。一个世界历史的伟大反题已经出现：我们眼前正在出现经济制度的分化、阶级的分化、理论与实践结合方法的分化、"思想模式"的分化以及文化的分化。资产阶级的意识危机加深了，并且已经产生了明显的鸿沟：科学和哲学的全部阵线都出现了大混乱。斯潘已经对此作出了杰出的阐述（从它们的基本倾向性出发）：主要是一场破坏唯物主义的战争。按照这位好战的教授的观点，这是文化的伟大任务，② 他反对没有上帝的知识和没有美德的知识。在经济意识形态领域，受资本主义制度危机的影响，有人开始直接鼓吹回到"采集与锄耕"，回到前机器的生产方式。在"精神文化"领

----

① 奥托·纽拉特：《科学理解的方式》(Otto Neurath, "Wege der wissenschaftlichen Auffassung," in *Erkenntnis* vol. i., No. 2-4, p. 124)："大规模的社区工作只有在按计划组织的社会中才可能成为一种独特的现象，这种社会借助于世俗手段，紧紧地、有意识地塑造生活秩序，以期实现世俗的幸福。"这位作者称赞历史唯物主义概念，承认马克思主义者做出了真正的预言。桑巴特的哲学演化恰恰相反，他在最近的一本书中写道："马克思主义将其'可怕'的力量'完全归功于这种以神秘主义为终点的救赎学说的历史哲学建构'。"（桑巴特：《三种国民经济与经济研究的历史和体系》，第 32 页）这种对马克思主义的神秘主义指控与之前提到的新近的"感觉社会学"的"本质"和"感觉"一样愚蠢。资产阶级科学显然已经开始向革命的无产阶级理论发难!

② 奥特马尔·斯潘：《国民经济学的危机》(Othmar Spann, *Die Krisis in der Volkswirtschaftlehre*)："我们发现……，一个……反对的斗争最后被我们所称的各种形式的唯物主义发动起来，从启蒙运动开始，就没有比这更具活力的文化问题了。"（第 10 页）

域，有人主张回到宗教，并且用直觉、"内心感受""整体关照"
来代替理性认识。意识的个体主义形式发生了转变。它普遍存
在于哲学的"整体""全体"观念中、生物学中（杜里舒 [Hans
Driesch] 和活力论者）、物理学中、心理学中（格式塔心理学）、
经济地理学中（区域联合体）、动物学和植物学中（植物和动物
的"异质社会"学说）、政治经济学中（"边际效益"学派的瓦
解，"社会"理论和斯潘的普世主义）等。这一回归"整体"的
潮流发生在"整体"与部分绝对断裂的基础之上，发生在对"整
体"的唯心主义理解基础之上，发生在对宗教的急剧回归基础
之上，发生在超感觉的"认识"方法基础之上。因此无须惊讶，
根据任何科学假设都能得出类似哲学的（本质上宗教的）结论，
并且正在公然提出一种与之相符的新中世纪主义口号。①

　　在与这种易于理解的发展趋势的全面对抗中，年轻的社　　33
会主义出现了——它的经济原则是技术经济能力、计划性、所
有人类能力与需求的发展的最大化；它的文化－历史进路由
马克思主义思想观念决定：反对宗教形而上学，提倡辩证唯物
主义；反对孱弱的直觉静观，提倡认识和实践的行动主义；反
对飞入不存在的先验天堂，提倡所有意识形态的社会学自我认
识；反对悲观主义、绝望、"命运"的意识形态，提倡一种推

---

　　① 参见莫塞利：《做、谁、想》（E. Morselli, "Πράττεζν, ποιεῖν, θεωρεῖν," in Rivista
di filosofia, vol. xxi., No. 2）："重返新的中世纪，如今它以各种形式激发了欧洲'精英'的
思想"。（第 134 页）也可参见贝尔迪亚夫：《新中世纪》（Berdiaeff, Un nouveau Moyen Age,
[Paris, 1927]）。

翻整个世界的革命乐观主义精神；反对理论与实践的完全分离，提倡它们的伟大综合；反对"精英"的结晶，提倡人民群众的团结。这不仅诞生了一种新的经济制度，还诞生了一种新的文化、新的科学和新的生活方式。这是人类历史上最伟大的反题，它在理论和实践上都将被无产阶级的力量所克服，无产阶级是最后一个主张权力的阶级，其目的在于最终消除所有的权力。

物理学与技术

约费（A. Joffe）[①]

物理学与工业的关系十分密切。的确，所有工业形式都不外乎是对物理或化学各方面的大规模应用与开发。大多数物理学概念的发现也同样得益于对技术问题的思考。技术领域非常感念工程师们初次引入某种新方法，但纯粹的科学家却经常忘记最初每一特殊问题是如何进入物理学教科书的。仅当一个问题被阐述为科学问题时，科学家才开始对这一问题的历史展开研究。

众所周知，发电机和发动机得益于法拉第对电磁感应现象的基础性发现，麦克斯韦（Clerk Maxwell）的电磁波理念和赫兹的电磁波实验带来了无线电。开尔文（Lord Kelvin）和克劳修斯（R. Clausius）的热力学研究奠定了热技术发展的基础，也同样为人们所熟知。然而，尽管人们常常提到卡诺（Carnot）

[①]　亚伯拉罕·费多尔维奇·约费（А. Ф. Иоффе, 1880-1960），物理学家，苏联科学院院士，列宁格勒物理技术研究所所长。——译者注

清楚地阐释了能量和熵增定律的技术基础，但开尔文之后的热力学（似乎表现为热技术、冶金，尤其是钢铁和合金工艺的发展），对热力学势的科学概念、相理论和**表面态**理论没有产生任何影响，而且是独立于它们而发展的。

看看无线电技术中的火花发生器是如何激发火花放电的科学研究，无线阀是如何推进**电发射**、表面结构、原子激发和原子电离理论并最终带来了金属态的新理论，将很有启发。真空技术重要性的提升以及光电元器件的广泛应用，开拓了一个广阔的研究领域，这对我们关于分子力和电荷传输装置的理念十分重要。

我们也注意到，当问题的最根本部分不再具有技术价值时，它们便渐为世人所淡忘。当人们发明了原电池时，摩擦生电就不再使用了。

38　　尽管我们还没有完全了解摩擦生电和原电池的基本原理，但当工业生产中用发电机取代原电池时，人们就不再发明新型电池了。

这种相互激励无疑对科学和工业都大有裨益。但不幸的是，科学家们既不承认，甚至也不太期望这种相互激励。事实上，我们所研究和思考的事情非常有限。自从物理学选择了一些值得研究的问题，并不断地将它们纳入一般的理论框架之中，这一局限已经造成了一些糟糕的结果：我们不去选择适用于研究大量异质现象的正确理论，而是去研究我们现有理论所能研究的现象。如果为了科学的进步而兼取两种方法，我们或许可以在光理论、物质理论、统计力学和以太概念的发展上避免许多麻烦和失望。

大型工业和农业发展中所遇到的物理现象尤其适合于推动科学研究的发展。一方面，甚至由一种新的科学方法所带来的一个最小的改进，都会带来巨大的利益；另一方面，精确调适的生产条件和随之而来的大规模生产过程都对科学研究非常有利。这种研究可以雇用数百万熟悉这些生产过程的工人，并与教学活动联系在一起，由大学和科研机构中的科学家进行管理。我们遇到一个问题，它似乎有望为科学进步开辟新的道路，但这些道路必须在社会主义的土壤上才能搭建，正如我们在苏联所努力建设的那样。

如果我们清楚地理解了科学与工业的关系，就可以期待科学会自觉地为技术的发展奠定基础。然而目前物理学中还没有出现针对技术的基础性困难而进行研究的迹象。我将列出几项对技术发展十分重要但却被物理学家们所遗忘的问题。

1. 煤的可逆氧化可以使工业用能提高三到四倍。

2. 太阳作为所有能量的主要来源，我们对它利用得极少。我们应该发展比目前多得多的光化学和光电学。我们应该聚集光线以利用太阳能提升温度。我们不仅应该研究土壤中所存储的能量，而且应该利用阳光和地球辐射在波长上的巨大差异对它加以控制。

3. 不能以物理学研究仅关注对金属的研究来解释物理学对热电研究缺乏兴趣。作为从热源中获取电能的直接方法，物理学必须加大对热电现象的研究力度。

4. 建筑物供暖的新方法被忽视了。开尔文提议用一种制冷机作为供暖系统如今得到了更加成功的应用，我们的中枢供暖系统的效率已经从 15% 提高到 30% 以上。在外墙少且内部大多数房间不安窗户的建筑中已有这一新供暖方式的应用，同时也是值得讨论的。

5. 照明问题。利用窗户接收来自地球之外的光线是一种非常不适宜的方法。我们主要利用被对面房屋反射回来的漫射光，但这也远不能令人满意。广告业中利用明亮的招牌反射从上方射下来的光线照明，这清楚地显示了我们在室内浪费了多少光线。我们仍在窗户和电灯中使用玻璃材料，它们阻隔了非常重要的紫外线。

6. 强大的高速电子或质子电波和集中的电磁波可以广泛应用于化学工业和电子工业之中。

7. 我们发现物体可以承受的极限压力远比实际达到的要高。例如，我们能够说明，在每厘米超过 1 亿伏特的电场下可以防止电击穿，而我们仍然使用 4 万伏特的电场。我们也已经把晶体的机械强度提高了数百倍。我们已经发现了拥有超过 2 万个电学常数的物质，但使用的不超过 10 个。要使研究成果为技术所利用，还有广阔的研究领域等待探索。

8. 物理学和化学开发出的方法灵敏度非常高。我们可以检测到单个的电子和质子，检测到 100 个以下的紫外线光子甚至可见光光子。X 射线和电子射线分析可以揭示出最为精细的结构。无线电波在传送十万米之后仍能被检测到。为什么我们没有将这些方法应用到日常生活中？

诸如此类的问题多得数不清。我深信物理学家们忽视它们是错误的。研究它们不仅有实际用途，而且可以发展出新问题，能够揭示出那些我们仅从单方面认识的现象的新特征。这样一来，我们的兴趣就可以通往深层次的理论，从而导致进一步的实验，一切都得益于对技术中基本性问题的研究。旧问题可以发出新的光芒，独立的研究过程可以带来新的观点。

我们为自己国家已经克服了所有干扰科学发展的障碍而高兴，科学的这种发展与新未来的构建紧密相关。我们有大约两千多位物理学家。我们希望与数百万工人合作，他们对知识、对改进他们的工业充满热情。我们不再继续执行那种向人民隐瞒科学的政策，如战前那样用酒精麻醉他们，维持75％的文盲率，迫使他们艰苦劳动以使他们精疲力竭。我们越是提高生活水平，越是缩短劳动时间，越是提高他们对科学和艺术的兴趣，就越能实现与数百万工人在科学和技术方面的合作。科学将在提高现今工业水平的同时致力于解决未来的重大问题。我们不必担心来自相互矛盾的私人利益的任何阻力。我们将用创造出高等文明、完善的技术和新知识的一切方法使现今的多数人类摆脱悲伤和不公正的生活。科学的最崇高任务就是合作。

苏联和资本主义国家中的科学、技术与经济之关系

鲁宾斯坦（M. Rubinstein）[①]

报告摘要

43   苏联当前社会主义制度下的科学、技术与经济之关系与资本主义社会制度下的有着明显不同，很多方面甚至截然相反。

资本主义生产制度与社会关系就其本质而言是根本对立的。随着其成长与发展，最深层的内在矛盾不断增多，而这些矛盾无一例外地表现在人类生存的所有分支中。本报告的目的是追踪这些矛盾在科技研究领域的发展，并阐明这些矛盾在目前苏联正在建设的新型社会关系体系中是如何逐渐减弱并最终消失的。

我们无意描绘科学技术在 19 世纪取得的巨大成就。这次报

[①]   莫杰斯特·伊奥西弗维奇·鲁宾斯坦（М. И. Рубинштейн, 1894-1969），苏联科学院经济研究所教授，苏联共产主义学院主席团成员，苏联国家计划委员会主席团成员。——译者注

告仅介绍发展进程的基本阶段和目前的最重要成果。

在过去每十年中，技术进步和人类对自然力的征服都在加速发展。大体来说，没有现代科学技术解决不了的问题。美国机械工程师学会（the American Society of Mechanical Engineers）在五十周年庆典上恰如其分地喊出了"凡事皆有可能"的口号。

资本主义时期，技术的发展是建立在科学实际应用的推广和伟大成就基础之上。艺术和经验主义者的地位已经被精密科学以及数学和力学法则所取代，被研究物质的化学和物理转化所取代，被探究植物界和动物界有机过程的本质所取代。

自然科学的每一项发现和进步都为工业的发展和新技术成就开辟了可能性。这篇报告列举了此类影响的众多现代实例，这些实例在化学和电子技术领域表现得尤为突出。

大规模机器生产最为充分和明显地体现出技术发展的趋 44 势，正如马克思所说，必然会"要求以自然力来代替人力，以自觉应用自然科学来代替从经验中得出的成规"[①]。与此同时，所有这些改变的最典型特征是变化性，它是一种永恒的运动，是生产的技术基础、工人的作用和劳动过程的社会联合方面的变革。

然而，虽然技术的发展高度取决于科学成就，但另一方面，技术对科学的反作用甚至更为重要。科学的发展，包括那

---

① 译文引自《马克思恩格斯全集》第四十二卷，北京：人民出版社，2016 年，第396 页。——译者注

些被认为最抽象的科学研究部门，都主要受到技术需求的影响。无数来自各科学分支的例子可以证明这一命题的正确性。

本报告列举了当今此类作用的一系列典型实例，当今，人类每一项成熟的技术需求都推动着科学对自然现象的深入分析，并要求科学对一系列重大问题做出解答。

同时，必须注意到，目前科学领域中的广泛研究无法通过盛行于19世纪的个体手工制作方法来实现。它需要强大的实验室设备，复杂、昂贵的仪器，以及达到半工厂规模的实验和大量工作人员对各学科的大量文献进行系统研究。

在绝大多数情况下，它需要一种集体的劳动组织，并对工作进行细分，各学科和不同资历的专家应以一种复杂的合作形式从事研究。很多科技问题即便由一个庞大的集体来研究也需要花费好几年，甚至数十年，需要进行成百上千次的系统实验、测试和观察。换言之，**科学研究**把自己变成了工厂之后的**另一种大规模生产组织**。尽管特别挥之不去的中世纪传统给这一领域带来了很大阻碍，然而，发达资本主义国家的科研发展恰恰由此而来。例如，世界领先的化工和电气企业（法本公司、通用电气、美国西屋等）不仅成了一系列重大技术发明的中心，还帮助创造了一系列新的科学理论。在这些实验室中，科学家们正紧张地研究着那些看似最抽象、最理论化的问题。

45　　在我看来，在这里辩论先有科学还是先有技术，一如讨论先有鸡还是先有蛋，是毫无意义的。

在生命历程和自然世界中，原因和结果总是以一种辩证的方式发展，原因在这里变成了结果，而结果反过来又变成了原因。而且，这种区分变得越来越保守、模糊且值得商榷。

许多 19 世纪末和 20 世纪初的理论和发现，已经完全打破或部分颠覆了经典科学中僵化的科学分类体系。

爱因斯坦已经推翻了传统的引力和时空观念，其量子理论给旧的形而上学的力学观念以致命一击。卡文迪许实验室对镭等物质的研究，已经彻底颠覆了关于化学元素静止和永恒的旧观念。对电磁规律的研究使我们能够解释最异质的自然现象，它已经彻底颠覆了无数以前习以为常的、根深蒂固的观念和理论。

古老的、不变的科学界线正在被废除，如同林奈体系和特殊手工艺一般消失殆尽。

我们目睹了所谓"交叉科学"的前进发展，如：物理化学、生物化学、生物物理学和技术－经济学等。

我们看到每一个新的经济问题、每一项新的技术需求是如何要求众多学科来集体解决的。

正如马克思所说，在辩证唯物主义的基础上，所有学科都表现出一种转化为单独的学科体系（仍允许细分）、转化为关于自然和社会的一门单独学科的趋势。

真正的科学是在现象的运动中、对立面中以及排除矛盾的发展中研究所有现象的。

而在各学科联合与分化的新辩证过程中，技术占据了同等的地位和荣誉。它不再仅仅是曾被"纯"科学和社会等级制度的宣扬者们嘲笑的"应用"科学。人类首先在这一领域中表现出对自然的积极态度，他**不仅解释世界，而且改造世界**，同时也改造自身。没有科学，技术就不可能发展，而另一方面，只有技术、只有工业实践才能够无可争议地解答一系列最重要的理论问题。

46　　当许多纯科学的宣扬者认为应用科学是一种亵渎时，马克思在唯物主义与唯心主义的辩论中，以茜素和其他合成染料为例，认为把科学划分为"纯科学"和"非纯科学"是一种荒谬的形而上学。

　　马克思在其伟大论著《关于费尔巴哈的提纲》中写道："人应该在实践中证明自己思维的真理性，即自己思维的现实性和力量，自己思维的此岸性。"[①] 我们应该从这一角度考察理论与实践、科学与技术、学术研究与工业发展之间的相互关系。

　　当以这种方式切入主题时，我们立即发现：科学与技术的发展不是发生在世外桃源，不是高高在上，也不是发生实验室的围墙里，科学研究不是与世隔绝的，而是发生在特定的社会环境中，发生在特定社会制度下。

技术与资本主义社会的矛盾

　　19 世纪的社会制度是资本主义。离开马克思对资本主义社

---

　　① 译文引自《马克思恩格斯选集》第一卷，北京：人民出版社，2012 年，第 134 页。——译者注

会关系兴衰的科学分析，就不可能理解科学与技术的发展和它们的相互依存关系。

现在，世界上六分之一的国家体制已经变成了社会主义制度。如果不研究其发展规律、不研究新的社会主义社会关系的斗争和成长规律，就无法理解科学与技术的未来前景，也就无法理解它们的相互依存的前景。

让我们首先考察第一部分内容。

现代科学与现代技术是资本主义的产物，而由于资本主义本质上是一种对立的制度，所以在资本主义条件下，科学与技术的发展和相互关系必然同样对立。首先，在资本主义条件下，技术进步存在哪些问题，科学发展又是如何满足技术进步的需要的呢？

资本主义生产的目的和动力都在于获取利润。无论纯科学的宣扬者认为这有多么亵渎，我们必须承认，在资本主义条件下，科学和技术无论自觉或不自觉，都是为资本家获取利润而服务的。

在概述机器生产第一阶段的发展时，马克思引用了约 47 翰·斯图尔特·密尔（John Stuart Mill）的一句话，大意是"迄今为止，机器发明是否使一个人的劳动变得更容易，这是值得怀疑的"；马克思对此的回答是："资本主义使用机器的目的是，像其他一切发展劳动生产力的方法一样，机器是要使商品便宜，是要缩短工人为自己花费的工作日部分，以便延长他无偿地给予资本家的工作日部分。机器是生产剩余价值的手段。"

（《资本论》第一卷，第 361 页，俄文版，1920）[①]

　　马克思的这句话是问题的全部症结所在。资本主义在发展机器生产时，其目的不是发展生产力，而是增加利润。因此，只有当新机器的价格与它所取代的劳动力成本之间的差额大到足以确保平均利润和市场竞争的成功时，资本主义才会引入一种新机器。在资本主义发展初期，我们就已经发现端倪，即机器的发明或改进要么被完全搁置，要么不在它们起源国使用，因为该国的劳动力如此便宜，以至于采用机器对资本家来说是无利可图的，也是不受欢迎的。马克思举了一个例子来说明英国人发明的碎石机是如何在英国没有被采用的，因为从事这项工作的工人的报酬如此之低，以至于机器的引入会使资本家的碎石成本更高。大量其他英国发明都是首先在美国应用，因为英国的劳动力太便宜了。几十年来，欧洲制瓶商协会故意阻止欧洲大陆采用欧文的美国机器进行瓶子的机械制造。即便是著名的柴油发动机，由于煤矿主的反对，长期以来也无法投入使用，因为它威胁到煤矿主的统治地位。

　　本报告详细分析了资本主义条件下技术进步和机械化的基本矛盾，这些矛盾在失业问题上表现得尤为充分。

　　在资本主义社会中，失业是技术进步的必然结果，它反过

---

　　① 中文版《资本论》原文为："像其他一切发展劳动生产力的方法一样，机器是要使商品便宜，是要缩短工人为自己花费的工作日部分，以便延长他无偿地给予资本家的工作日部分。机器是生产剩余价值的手段。"（马克思：《资本论（纪念版）》第一卷，北京：人民出版社，2018 年，第 427 页）——译者注

来阻碍了技术进步的进一步发展、新机器的引入以及工业实践中新的科学方法的运用。

这种阻碍技术发展，从而也阻碍了科学发展的趋势，在资本主义的最后阶段——垄断资本主义时期表现得尤为显著。 48

我们可以用无数例子来证明资本主义的垄断有多么强大，它已经垄断了技术发展的动力（科学研究仪器设备、实验室、专利，发明家和科学家本身），这一垄断首先人为地阻碍了技术的进步。

仔细研究周围现实的资产阶级科学家和经济学家一定会承认这些趋势的快速发展。

买断专利、扶持报废的工厂，根据最差工厂的生产成本制定卡特尔价格①、封锁科学研究成果、害怕使旧股本贬值的革新等——这些就是垄断资本主义时期每天都在发生的事实。

在资本主义条件下，技术成果的采用往往远远低于科学技术既定发展程度的最大可能。

因此，我们发现，即便在最先进的资本主义国家，现代技术成果的应用仍被局限在一小部分工厂里，肆意浪费人力资源的过时工厂依旧存在。许多资产阶级经济学家已证实，技术发明的真正应用远远落后于生产力已经能够达到的水平。研究工业浪费问题的胡佛委员会（Hoover Commission）为我们提供了

---

① 卡特尔价格，是指两个或两个以上具有竞争关系的经营者为牟取超额利润，以合同、协议或其他方式，共同商定商品或服务价格，从而限制市场竞争的一种垄断联合。——译者注

一些显著的例证。

根据"铁器时代（Iron Age）"的计算，如果美国所有工厂都提升至现代技术水平，就有可能把工期缩短到现在的三分之一，同时把产量提高一倍。

在垄断资本主义条件下，技术潜能与其工业应用之间的矛盾尤为突出。

这些事实和趋势最直接影响到的自然是科研工作的发展。

首先，垄断资本主义的这些趋势通过阻碍生产力的发展，钳制了科研活动的创造性和技术创新能力。实际上，很大一部分科研工作和多年努力均因为在工业、生活和现实中不能获得应用而浪费了。

我们一会儿将看到，相当一部分的科学思想和活动都浪费在直接的破坏上，浪费在战争和战争的准备上。

49　　即使是那些已经付诸实践的科学成就也只会导致使数百万劳动者的生活条件更加恶化，因此劳动者必将对此漠不关心甚至敌视。正如马克思写道："在资本主义制度下，为生产工人不是一种幸福，而是一种不幸"，因此"工人把自身劳动生产率的发展看成是某种有损于他的东西，事实也的确如此"。

这造就了一种使科研活动与绝大多数人相隔绝的气氛，真正的科学创造性工作自然得不到充分的发展。只有在人民群众的深切同情、支持与直接参与下科研工作才能得到充分发展，让他们觉得科学技术的每一项进步都意味着他们生产生活条件的改善，劳动强度的减轻和他们自身的解放。但这种情况只可能出现在苏联。

在资本主义经济危机时期，所有上述矛盾都集中涌现。

当前的资本主义经济危机是迄今为止最严重的一次经济危机，它彻底摧毁了人们避免危机、维系长时期繁荣的一切希望，在经济危机之下，资本主义经济表现出对科技发展的空前影响力。

报道间接提到了资本主义经济危机期间，生产力大量浪费、故意缩减生产以及直接毁灭食品、原材料、机器和工具的许多实例。

科学在很多情况下都会有意识和系统地为减少人类的粮食库存（如德国对黑麦和小麦实施染红和气化）和原材料供给服务。工业设备的应用减少到实际运用能力的四分之一至三分之一，导致资本主义国家生产成本提高，丧失了大规模生产的所有优势，对资本家而言，现代技术的一切成果都变成了阻碍，而在数百万劳动者眼里，它成了贫穷困苦的根源。

难怪资本主义工业、技术、科学和媒体的许多有影响力的代表，戏称自己使"现代工业的爵士乐队"放慢了节奏、中止了技术的合理化进程、"使技术服从于商人的指令"等。报道引证了许多此类言论和许多在现实中贯彻这些思想的企图（如美国许多市政当局正在实施的"锄头与铲子计划"）。

所有这些理论和计划都清楚地表明现代资本主义已经成为 50
生产力和科学技术发展的障碍。

现代资本主义条件下，最惊人的生产力浪费表现在失业危机上。

1930 年夏季，高达 1500 万人失业；1931 年夏季，高达 2000 万至 2500 万人失业。在建筑高峰和农忙季节，有超过四分之一的人被排除在外，甚至在一些国家中有超过一半的工人阶级无法从事生产，从而导致 8000 万至 1 亿人的消费能力锐减，这意味着生产资格被剥夺、贫穷以及饥饿，从而身体消瘦，部分人丧失了基本的生产能力。到目前为止，这种对生产力最本质部分的浪费远远超过了生产组织中的所有技术变革和成果的结果。数千万人因所谓的商品生产过度而挨饿并被剥夺了最基本的需要。同时，对相当一部分人来说，这不再是暂时的或局部的，而是越来越成为一种普遍、持久和永恒的情况。正如现代资本主义有时（事实上，这种情况越来越频繁）迫使厂商把储存的粮食烧毁或倾入大海，仅仅是因为出售它们不能牟利。当前对劳动力大规模的"烧毁"前所未有，并非因为劳动和剥削的过程中有所消耗，而是因为剥削这些工人无利可图，美国记者蔡斯（Chase）称这种情况为"疯人院经济学（economics of a madhouse）"，而马克思早在蔡斯之前就已经论证了这一"疯人院"不可避免地要成为资本主义经济的基础。

故意缩减原材料和食品的生产，在稳定的"好年景"，生产工人的工作量缩短 25%（以每天一班计算），而危机一发生就几乎达到了 50%，失业人数也达到了四分之一至三分之一；再加上上次战争的数百万开支、当前"小"战争的开支和为未来战争准备的无以计数的开支，由此我们得出结论，现代资本主义甚至不能用当今生产设备和人力所具备的生产能力的 1% 进行生产。即使在资本主义强国，生产设备也是由现代工厂和更多的由垄断资本主义人为支持的陈旧的、落后的生产单位混合而成，这种情况在老牌资本主义国家里尤为严重。

此外，他们还经常人为地强制维持殖民地经济和农业的落后，在农业中大肆挥霍劳动；赔款、关税壁垒和其他众多生产力发展的阻碍与屏障使我们看到现代资本主义机器的实际"有效系数"甚至更低。

如果一些工厂中已经存在的技术成就得以扩展到整个工业、交通和农业，在目前的技术发展水平上，那么仅这一项就可以把生产力扩充数倍。除此以外，毫无疑问的事实是进一步的发展节奏将越来越快。从资本主义的刹车中解放出来，它可能在最短的历史时期内生长出经济发展上的闻所未闻的进步。

科研危机进一步体现在竞相缩减开支，不断降低对大学、科研机构、实验室的拨款和研究人员的薪水。失业牵涉数千万工人，科研人员、工程师、技术员也未能幸免。德国工程师协会（the German Society of Engineers）前主席迈绍斯（Matschos）教授在《社会期刊》（*Society's Journal*）上描绘了一幅危机影响的悲惨画面：

> （德国）高等技术学校大约有四万名学生，其中每年有八千人毕业。而毕业生失业率非常惊人。平均而言，只有 20% 有稳定工作，10% 继续深造，20% 从事非本专业的工

作，其余（约 50 ％）处于失业状态。拿着文凭的工程师，
也不再吃香，他们睡在晚上十点钟开门的小客栈里，吃不
到一顿饱饭，如果能够通过任何零工（如洗碗工、售烟小
贩、受雇舞伴等）赚到几马克就觉得很幸运了，这一情况
已稀松平常。慈善机构设法照顾最严重的不幸，但它不能
解决最本质的问题——给这些专家一份工作。以众多牺牲
为代价保护的精神禀赋，如今已不再适用。他们梦想着不
再游荡，但当被问及获得文凭后做了些什么时，他们只能
回答"找工作"。到处都在裁员。

　　但仍有成千上万的年轻人涌进大学。大家仍相信工程
师这个职业前途光明。与此同时，我们发现工程师协会越
来越严正地警告这一职业已经人满为患，警告年轻人不要
怀有任何期望，并要求严格选拔。所有这些的结果将如何
呢？他们现在估计有 1.5 万名毕业生，但我们得知到 1934
年将有 4 万人。目前预备到 1934 年雇用 1.3 万名学院毕业
生，然而至今仍有 3 万人失业。我们能对这种情况坐视不
管吗？难道不是已经到了停止大众争取文凭和高等教育的
时候了吗？（德国《新闻周报》[*V. D. I. Nachrichten*] 1931
年报道）

52　　德国工业喉舌《德国矿业报》（*Deutsche Bergwerkszeitung*）在
1931 年 4 月 21 日评论了这篇文章，对迈绍斯教授提出的反问给
了一个"令人安心"的回答，指出在联邦德国的某个城市慷慨

地让一群毕业生从事索道工人的工作。然而，这家报纸继续（相当合理地）说："如果警告者可以同时提到没有过剩和更有前途的职业，那么，反对学院职业教育的警告将更加有效。没有这样做是因为没有这种职业。"正是如此，报纸还指出，对于一个已毕业的技术员来说，没有受雇就意味着他职业生涯的终结，因为几乎没有适应其他种类工作的可能。

不同学科知识分子的情况也十分相似。普遍来看，科研人员的工作条件不但没有改善，反而更坏了。

教授们认为唯一的出路就是高校不再招收学生。这些事实表明现代资本主义在经济危机时期不仅盲目地毁坏生产的原材料，将数百万工人从生产过程中解雇出去，而且试图切断未来科学技术发展的根基。

最终，经济危机给科研人员带来了一系列意识形态上的不连贯和混乱。如果不理解可怕的经济振荡的原因，就不能对他们周围发生的现象给出真正科学的分析，并指出一条出路（而唯有马克思主义才能给出合理的方法），他们中的绝大部分陷入失望和悲观，在神秘主义、招魂术、宗教迷信等迷雾中寻找出路。科研人员把越来越多的时间花费在学术训练上，徒劳无果地试图在超自然中和解科学和信仰；他们被诱入资本主义矛盾的迷宫和资本主义制度的无政府状态，他们徒劳地在那些超验力量的调节中寻求拯救。

资本主义对科学技术发展的最骇人和最可鄙的影响在于现代科学技术在备战中所起的作用。

本报告分析了促使现代资本主义国家为新的军事冲突做准备的原因和未来战争的基本技术特征。

报告详细论述了科研机构和实验室连续不断地为研制新型致命武器所做的系统性工作，这些武器不光用于抵御外国军队，而且要用来对付该国的全体平民。

53　　为人类需要而服务的合成化学、航空、细菌学等最伟大的成就，正在被用来进行大规模破坏，使得历史上所有的野蛮和残暴形迹都相形见绌。只需引用温斯顿·丘吉尔（Winston Churchill）先生关于现代战争特征的以下声明就足够了：

> 直到二十世纪初，战争才真正开始进入其王国，成为人类少见的潜在毁灭者。人类被组织成伟大的国家和帝国，从国家上升到完全的集体意识，使屠杀事业能够以前所未有的规模和恒心，进行规划和执行。个人所有最高尚的美德都聚集在一起，以加强群众的破坏力……面对人类孤注一掷的要求，科学将她的宝藏和秘密展现出来，并把能动性和器具交到他们手中，这几乎是他们性格中的决定因素。

在回顾了过去的伟大战役之后，他继续描述他认为的未来战争会是什么样子：

> 在第一次世界大战的四年中所发生的一切只是为第五

年做准备的前奏……1919 年，数千架飞机将摧毁他们的
（德国）城市，成千上万的大炮会炸毁他们的前线……令
人难以置信的独创性的毒气，只有秘密面具才能对付……
事实证明，它会扼杀所有抵抗，并使敌对前线的所有生命
瘫痪……

这些未完成、未执行的项目被搁置一旁；但他们的知
识被保留了下来；他们的数据、计算和发现被匆忙捆绑在
一起，并被每个国家的国防战争部门记录在案，以供将来
参考。1919 年的战役从未打响；但它的想法一直在绵延。
在每支军队中，它们都在和平的外表下被探索、精心阐述
和提炼……死亡立于不败之地；顺从、期待、随时准备服
役、准备将人民一网打尽；它呼唤，准备好粉碎文明的残
余，没有修复的希望——只待一声令下。（温斯顿·丘吉尔
的《世界危机：余波》[*The World Crisis, The Aftermath*]，
伦敦，1929 年，第 452—455 页）

在描述了化学在这方面的作用和一些科学家证明化学战为
人道主义的伪科学企图之后，报告论证了战争政策是如何强烈
影响到科学研究的整个特征和趋势的。资本主义竭力用"计划"
的方式使科学技术、生产设备和全体民众从属于有组织的大规
模破坏和毁灭。在这方面，科技发展的矛盾以特别的力量、范
围和尖锐性显露出来。

科学技术的当前状态已经给生产力带来了现代资本主义无

法认识到的巨大发展。

数千万工人被排除在生产过程以外；他们渴望工作，但却找不到工作。

还有数千万人从事非生产性的劳动，为极其臃肿的商业、广告业服务，为镇压群众和制造舆论的庞大机器服务，最终迎合资产阶级上层的奢侈生活和异想天开。

54　数亿工人从早到晚地在工厂、矿山、大农场里工作，短短几年就耗尽了他们的精力，40 岁就日渐衰老；然而，相对于资本主义的浪费，他们的劳动社会生产力可以忽略不计。

在排斥科学与现代技术应用的情况下，数亿农民被拴在小得可怜的土地上躬耕劳作，经常连最悲惨的生活都无法维持。

最后，数百万工人仍在竭力偿还 1914 至 1918 年期间第一次世界大战背负的债务，并为新战争做准备。

大量的燃料和金属储备正等着开采和发掘。

瀑布和河流等待修建水坝，为水流设置涡轮和发电机，分配通电电流。

数以千计目前技术水平完全可以实现的技术问题仍然被搁置。

目前的科技水平已经可以用相对微不足道的人力，征服自然，建立新的城市，使许多生产过程实现自动化，从而使劳动成为一种乐趣。

但现代资本主义不能利用所有这些潜能。

资本主义在发展生产力方面的每一次尝试都会产生新的对

立，导致新的、更可怕的浪费、破坏、危机和战争。资本主义对此无能为力。任何科学力量都无法改变支配资本主义社会消长的规律，正如无法改变人体兴衰的规律一样。唯一能够指引出路的科学就是马克思主义对社会发展的科学分析。

苏联

苏联在人类历史上第一次把这种科学分析和科学方法应用于社会关系的自觉建构，有计划地领导经济生活和指导文化、科学和技术发展进程。因此，苏联的真实存在和整个发展过程就与真正的科学理论紧密相连了。

今年是苏联成立的第十三个年头。在本年度期间，伟大的社会主义改造五年计划已经完成过半。

这使得总结成效、比较两种制度的经验、弄清楚各自的发展趋势的科学分析成为必需。这一分析表明： 55

第一，不容置疑的事实是，骇人听闻的世界经济危机以空前的力量将所有资本主义国家和世界经济部门都毫无例外地卷入其中，但至苏联的国界便止步不前。苏联不但没有经历危机，相反，在过去的两年中经济发展表现出巨大的上升趋势。

第二，这种比较表明，当资本主义经济的无政府状态使数百万工人失业的时候，苏联已经解决了失业问题，它每年吸引数百万新工人进入工业部门，并且执行伟大的机械化计划以克服人力的日益短缺。

第三，这一种比较表明，苏联的经济发展速度比包括美国在内的所有资本主义国家鼎盛时期的发展速度都要快许多倍。

第四，这种比较表明，当资本主义经济的无政府状态日渐加剧，任何资本集中，任何科学预测的努力都不能缓解这种狂热的间歇性发作；而在苏联，我们看到对整个经济生活的深思熟虑和谨慎计划，取得了持续的发展和持久的成功：季度计划、年度计划和五年计划的实施均得到了很好的执行；现在正在制定第二个五年计划的方案，在此期间，苏联要赶超主要资本主义国家并且掌握最先进的现代技术。

第五，这种比较表明，全世界的农业多年以来一直遭受危机，但它完全不适于在现代科学技术的基础上进行改造；而苏联的农业在人类历史上第一次被改造为大规模集体耕作，并采用最先进的技术方法和新式的社会关系。

第六，这种比较表明，当现代资本主义条件日益恶化，城乡之间、体力劳动和脑力劳动之间的对立越来越加剧时，苏联采取了果断措施，通过把数百万劳动者引入文化发展、教育和启蒙的浪潮之中从而消除这些古老的对立。

第七，这种比较表明，当资本主义对立状态的发展导致阻止科学技术发展的趋势明显加剧时，科学技术的发展在苏联找到了完全无约束的舞台，完全有可能付诸实际应用并对生活所有部门起到决定性作用。

56　　所有这些推论都是基于任何客观、真正科学的观察者都无法反驳的事实。任何人都可以检验这些事实，苏联政府准备向所有科研人员提供在现场试验和调查这些事实的一切可能性。

值得注意的是，这一报告援引的很多事实跟苏联现在正在工业、交通和农业所有部门进行的经济建设有关。就其规模范围而言，这是史无前例的。

这篇报告中引用了一些来自资本主义官方的统计数据（如国际联盟等），并与其他国家的发展对比，突出表明出苏联发展的成果。

这些实际生活中已经优胜了的数据比大量论证更能显示两种制度竞争的结果，1930年所有资本主义国家的工业生产指数都降到了1925年的水平以下，而苏联的工业生产指数则增加了两倍，仅此一项就足以说明问题了。

此外，有计划地利用极其丰富的自然资源和发挥人民群众中蕴含的更大量的热情、活力和首创精神的主动性方兴未艾。在这一发展过程中，科学和技术的作用正在减弱。

苏联的科学和技术

苏联已经给自己设定了最短时间内在技术上和经济上赶超发达资本主义国家的任务。目前，全国亿万民众正怀着前所未有的热情，渴望去掌握现代科学技术，以使得自己能够重塑生活，使自然力服从于劳动者的集体意志。仅此一点，就说明了在苏联科学技术的创造性活动、研究工作、在民众中普及知识的重大价值。然而，这没有也不能限制科学在苏联的作用与任务。

尽力超越发达资本主义国家的技术，并不意味着我们可以满足于仅仅模仿这一技术的所有方面。

57   我们已经在资本主义世界的历史中看到，例如过去几十年间技术上赶超了欧洲老牌国家的美国，被迫提出和解决国内大规模生产和大范围工业化所带来的一系列新的科学技术问题。

这将在最大程度上适用于苏联目前所提出和解决的问题，苏联正在一个全新的基础上，以一种美国都无法想象的速度和规模实行工业化。

这里它既没有经验，也没有先例。在此过程中，它必须解决目前无论何处都尚未解决的科学技术问题。

以农业领域为例。

去年，美国每台拖拉机的平均工作时间为 400 至 600 小时，而在苏联，年平均工作时间则不少于 2500 小时。苏联现在已经拥有数千个机械化农场，并超过了美国的最高纪录。本年度苏联组建了世界上规模空前的家畜饲养场，它给自己提出了使所有农业过程机械化的任务（粮食种植、商业收割以及修正花园等），并按科学方法设计出且有计划地实行大范围专门化农业，每一个的面积都相当于欧洲大国。

所有这些任务都要求创造出新型的机械和工具，要求设计出发动机和系结装置之间的新型连接设备，要求新型的劳动组织、植物选种等。

由此，农业的技术改造涉及成千上万经济学、农学、化学、物理学、植物学、动物学、能量学和机械建造的新问题。

如果没有科学研究工作的大规模开展，这些问题的解决是无法想象的。除了利用发达资本主义国家的一切科学技术成就——在很多情况下远比那些国家利用得完全和有效——苏联目前的经济实践已经要求农业科学技术回答一系列目前尚未解决的问题，它要求新道路的开辟、新的发明创造和新的科学理论。

苏联的电气化问题和关系到经济和文化建设的一系列其他问题也是同样的情况。

明年五年计划完成后（也就是用四年时间完成）苏联将设计新的、第二个五年计划。这一计划，在大幅度提高经济总量的同时，还要在性质上对国民经济的技术基础进行最深入的调整。显而易见，详细阐述和有力实行这一计划的决定性因素在于科学技术对未来发展的进程的勾画。 58

为达到这一目的，苏联需要拥有怎样的科技仪器？它的发展动力和组织结构是什么，它又与苏联其他机构的联系是什么？

在这一领域中从沙皇俄国继承下来的遗产比在工业领域中的还要可怜。十月革命前的俄国有伟大的个体科学家——数学家、物理学家、化学家和生物学家。

他们做出了许多重要的发明和发现，许多意义深远的科学理论，但是这些理论和发现的绝大部分只在国外利用，因为不管是衰弱的工业还是沙皇政府的整体氛围——"民族监狱"——都不允许在实践中发展和利用那些发现。

我们发现，十月革命前的俄国没有一所真正从事科学研究的机构。整个科学活动都集中在几间设备简陋的大学实验室，与工业相分离，与人民群众完全隔离开来。为了说明苏联治理下科学研究组织网络的发展，只需提及仅工业领域的就有：

1928 年，拥有 24 个科研机构和 8 个部门。

1930 年，拥有 72 个科研机构和 83 个部门（其中包括热技术院、物理技术院这样的欧洲无法匹敌的大型机构）。

本年度，从事农业研究的科研机构有 47 所，交通的有 10 所，普及教育的有 44 所，公共卫生的有 34 所。1929 年初的科研机构总数为 789 所。

目前工业实验室已经达数千所。供职于工业研究所的科研人员已经达到 1.1 万人（不包括行政人员、服务人员和供职于工厂实验室的科研人员）。1931 年，全国约有 4 万人专职从事科学研究工作。

仅工业领域，科研机构网的融资总量就已经达到约 2.5 亿卢布，而 1925—1926 年为 1200 万卢布，1928—1929 年为 5800 万卢布。

59　　这些不完全数据显示了一种逐年持续巨额增长的势头。

然而，即便这种增长仍不能满足日益增长的需求。

苏联政府采取了一系列措施进一步加快发展速度，展开构建科研机构网络，并组织必要的工作人员培训。

大学和专科学校的注册人数由 1929 年不到 10 万人增至 1931 年的 15.7 万人，预计 1932 年还要进一步增至 23 万人。

早在 1931 年，全国工程技术人员就已经实现了翻一番，五年计划在这方面完全达成。根据 1932 年的计划，技术学校需要招收 42 万名学生，工人学院招收 35 万名学生（1931 年为 16.6 万名），工厂学徒学校招收 100 万名学生（1931 年为 70 万名）。高等学校职工系毕业生的比例应达到 75% 至 80%。根据德国官方数据，在德国所有高等学校的学生中，只有 2% 至 3% 是无产阶级后裔。甚至在普鲁士的中学里，只有 5.4% 的男孩和 3.4% 的女孩是无产阶级后代。一份资产阶级杂志在评论这些数据时指出："工人的儿子极少能获得高等教育的权利。青年工人就算考上大学，也得靠打工谋生。在 1928 年获得津贴的 1110 名幸运儿中，只有 12% 是工人。"

而在苏联所有学生都可以确保生活津贴和膳食费。无产阶级学生从高等院校毕业后从事科学工作的人数持续增加。预计到 1932 年科学工作者的总人数将增加 40%。

苏联组织科学研究工作的一个最本质特征就是**计划**。

曾经有一段时间，人们争论是否普遍可以规划科学活动；如今，这些争论在实质上已终结了。在指导经济方面已被证明了巨大优势的社会主义计划，毫无异议地被公认为科学工作领域的首要原则。

工业界的整个研究活动网络的运作，均遵照国民经济最高委员会的科研部门在各研究所和各学科杰出工作者的协助下所做出的单一的概要性计划。农业、交通和其他部门也是同样情况。

我们用有计划、有组织的科研机构网络，来代替活动特点和氛围完全属于小手工业性质的孤立个体，来代替直接或间接地服从于金融资本的孤立的资本主义科研机构。这一科研机构网络为了在社会主义基础上提高生产力的这项共同任务而统一起来。最近，为了对整个国家的科研工作实施普遍计划，苏联采取了一项新举措。超过一千名来自科学技术各部门的科研组织代表参加的第一届科研计划大会，研究了研究人员面临的最主要问题，勾勒出这一领域的计划方法，呼吁所有科学家和科学工作者参与设计这一计划。会议在巨大的热情中进行，并且证明通过消除科研领域中由于无计划所造成的浪费，无穷无尽的思想资源和创造性活动都可以实现。

会议的决议可以作为资产阶级国家的科学技术工作者的榜样，用来说明苏联的体制给科学思想开辟了可能性。例如，决议提出给所有有计划的和运转着的经济机构施加责任，使之作为其中的一个有机部分包括在它们的工业改造计划中，科研机构的成果的实现为他们提供必要的经费和物资。

责成经济组织留出一定数量的工业车间隶属于科研机构，以把它们变为实行新技术的实验场所。责成所有新建的大型工业企业筹建工厂实验室，作为特定企业不可分割的一部分，奖励采用先进技术的企业，对推迟实行科学成果的企业追究法律和物质责任。同样重要的决定还有，公布科研机构的活动账目，为有实践经验的产业工人在科研机构中从事临时性工作提供系统性奖励，科研机构的主管以及工会协助科研机构并且为科学技术成就做宣传。

在所有工业、交通和农业部门的科学－技术工作的普遍计 61
划中对重要的发明和改进进行集体测试；工厂和工业部门为发
明家提出特定的任务；提交科学院、科研机构和实验室的成果
和计划，供对发明感兴趣的工人广泛讨论；等等。

没有一个资本主义国家可以采取类似的这种措施。它们与
资本主义的本质是不相容的，只有当科学技术与伟大的社会主
义建设过程相联系时，只有当科学工作者以一种有组织有计划
的方式，致力于实现广大劳动人民的"社会秩序"，把这一正
在建设社会主义的伟大国家的整体技术和经济提高到最高水平
时，才有可能实现。

就此而论，我们必须说比对科学研究工作的计划更加重
要的是直接把**科学技术与工人阶级广大群众有组织地联系在
一起**。

目前在苏联，这种联系开始以空前的规模被认识到，并得
以实现。为掌握科学技术而奋斗的不是几十个、几百个、几千
个工人，而是数百万工人。

它激发了活力、主动性和独创性的源泉，这在不久以前是
不敢想象的。在每一个工厂、农场、高校形成了学习技术的专
门组织、发明家群体，并开展传播科学技术知识的大型活动。
广大工人在午餐休息时间，在空闲时间，热切地、坚持不懈地
学习，留意观察他们的特殊工业生产线有没有改进的可能，时
刻准备着被准予进入技术学校和大学，热情地欢迎著名科学
家报告其发现和研究。现在的问题是缺乏人手和时间去满足这

些甚至是来自于工人阶级最落后阶层的对文化、对知识、对科学的渴望。由此，我们看到了恩格斯预言的正确性，他写道："摆脱了资本主义生产的局限性的社会可以更大踏步地前进。这个社会造就全面发展的一代生产者，他们懂得整个工业生产的科学基础，而且每一个人对生产部门的整个系列从头到尾都有实际体验，所以这样的社会将创造新的生产力。"[1]（《反杜林论》）

62　　　　这样，体力劳动和脑力劳动的对立开始消除了。目前，发展一开始，群众争相掌握科学技术正在上演奇迹。以**工人们的发明**为例，过去一年，工人的建议和发明的数量已经增加了一百倍。人们经常可以发现工厂在一年内采纳数以千计来自工人的建议。群众争相掌握技术以一种十分新颖的方式呈现出**科研机构的有计划活动**与工人们的**大量创造性活动之间的有机联系**，后者反过来，与百万劳动者更强有力的运动——社会主义竞赛和突击——联系在一起。

　　工人的大量创造性活动正在成为社会主义竞赛的一种最高形式，成为社会主义发展的一个最重要和最有前途的阶段。

　　最近几个月发生在顿涅茨煤田（Donetz Basin）的事情为这种趋势的第一种表现形式提供了光辉典范。

　　当顿涅茨煤田机械化作为一项**政治任务**，当实现机械化成

---

[1]　译文引自恩格斯：《反杜林论》，北京：人民出版社，2018年，第320页。——译者注

为广大矿工们的职责时，顿涅茨煤田在工人、工程和技术力量那里看到了一种稳定增长的技术发明浪潮。机械化进程已经开始了。在最近的几个月，发明、提议、合理化建议如泉涌一般，一切都旨在发明一种把煤从矿井中提上来的传送装置，换言之，带来一场采煤方法的深刻技术改革。

1930 年末，当提出卡尔塔绍夫（Kartashev）、卡萨洛夫（Kasaurov）、费里莫诺夫（Filimonov）和李卜哈特（Liebhardt）方法时，顿涅茨煤田的煤矿发明了连续采煤法。随后，许多其他工人不断提出发明和改进建议。这些建议从几乎每个机械化矿井里川流不息地涌出。其中很多建议甚至不是特别新奇的。过去，类似的想法被搁置了很多年，而目前，它们与社会主义竞赛浪潮相结合，与工人的极大热情相结合，正在带来生产方法的革命，它预示着在不久的将来不仅能够赶上而且很可能超过国外的技术。

顿涅茨煤田的创造浪潮呈现出一个极其生动的例子，通过激发广大工人群众的主动性和竞争精神可以获得无穷无尽的新技术和工业革新。

最近我们在这一领域看到了更加有趣的现象。在顿涅茨煤田即将进行秘密改革的消息传出不久，在卡尔塔绍夫、卡萨洛夫、费里莫诺夫和李卜哈特方法的一般特点为人所知不久，距离顿涅茨煤田数千公里以外的西伯利亚煤矿、乌拉尔山脉和库兹涅茨克（Kuznetsk）煤田，掀起了类似的发明创造浪潮。因此，车里雅宾斯克（Cheliabinsk）煤田的工人们推出了极富表

63

现力的口号："车里雅宾斯克煤矿需要有自己的卡尔塔绍夫们！"
并且这不是一个空洞的口号。车里雅宾斯克煤矿的确有了自己
的卡尔塔绍夫们。这一口号被广大工人、工程师、技师和科研
人员付诸实践。目前的口号是：

> 每个工厂、矿山、农场，每一个科研机构和实验室都
> 应该有自己的发明家。每一个精通技术的突击手都可以且
> 应该成为发明家和改良家，为生产过程的改进，技术的发
> 展，从而为科学的发展贡献微薄之力。

在这一点上，我们在另一领域，即对**国家自然资源的研究中**
看到了十分类似的进展。在所有国际统计参考书中，可以找到
有关苏联领土上的石油、煤、矿石以及其他矿产资源的储量的
数据。这些数据反映出的还不到真实资源的百分之一。最近几
年的发现已经把旧的数据增加了十倍。

科学院和地质勘探机构每一次对西伯利亚、中亚、哈萨克
斯坦和高加索山脉等的勘探，都会发现新的资源层。就字面意
义而言，这个**国家正在被重新发现**。现在这项工作，除了科学家
和专门机构以外，在当地人民中还吸引了数千名志愿者——学
校老师、集体农民和年轻人。在最边远的地方正在形成学习本
地自然的圈子和小组，掌握了地质勘探技术的初步知识之后，
他们充满热情地探索地下资源，不是为了个人利益，而是为了
帮助建设社会主义。这一群众运动，在科学思想和现代技术的

滋养下，产生了最意想不到的发现，经常会完全改变整个地区的经济前景。

作为摆脱资产阶级锁链的结果，恩格斯曾预言道，所有这些都允许对"生产过程的不断甚至更快发展"施加了一个新的强有力的刺激。

生产力的这种发展要求科学同样不停地甚至更加快速地发展。 64

这一前景不再是遥远的未来，不再是一个模糊不清的目标。这正是我们生活、工作、建设于其中的现实，这是我们刚刚进入的新历史阶段的开端。

这一前景一定会使每一个热爱其工作的真诚的专家、每一个科学家和研究人员着迷，正如它使国内的无产阶级群众着迷一样。

因此，德国教授波恩（Bonn）在其关于美国的书中被迫承认，在苏联"科学技术的黄金时代已经到来"，并且这一事实具有巨大的国际影响。列宁曾写信给美国电工学家斯坦梅茨（Steinmetz）：

> 您作为技术发展方面最先进国家的电气技术代表，已经确信用一种新的社会秩序取代资本主义的必要性和必然性，这种社会秩序将要建立经济的计划条例，并将在整个国家实现电气化的基础上确保全体人民群众的福利。
>
> 在全世界所有国家中，开始确信一种不同的社会－经

济秩序将会取代资本主义的科学、技术、艺术代表的人数虽然比期望的增长要慢，但一直不断稳固增长。他们不会被苏联与整个资本主义世界斗争的巨大困难所吓倒，认识到斗争的必然性并且加入帮助"新秩序战胜旧秩序"的斗争当中。

数以万计的科学工作者，团结在集体中，按照明确的计划开展工作，与无产阶级有机地联系在一起，不断地从无产阶级队伍中汲取力量，与千百万工人发明家和理论家联合起来为科学技术开辟新道路，不仅有利于克服旧的障碍，而且有利于重建自己的国家。

在资本主义世界的空前危机背景下，无数资产阶级知识分子代表和无法对事实视而不见的著名科学家和技术人员们更加清楚地认识到苏联这种进步的演变。

在众多此类陈述中，让我们以德国经济学家波恩对美国经济危机和苏联经济建设的重要性的评论为例。

波恩教授写道："奥林匹斯山被地震所摧毁。当神殿的断墙毁坏了棚屋的房顶，垂死的神灵们不是施以保护而是清理他们周围的毁坏，然后，信徒们被抓起来，他们没有后悔神灵也是凡人，而是极度怀疑和盲目憎恨。崇拜这些神灵还有什么意义？"

"在经济危机的打击下，美国数百万人失业，几十万人倾家荡产：他们不再抱怨没能预防危机的个别经济领导者，他们开始怀疑造成危机的制度。"

"资本主义和资本主义经济制度始终作为一种合理的存在形式出现在普通美国人面前。过去，这些力量使他们建立起伟大的国家，并且给他们的先辈提供了生存机会。他们期望沿着同样的道路能从它们那里得到一种合理的存在。"

"这种制度不再能生长了。成千上万的心灵和头脑中产生了这样的疑问：资本主义制度有什么权利存在，如果在全世界最富裕的国家，资本主义制度都不能带来一种保护较少的、勤勉的、有能力的人民的社会秩序，不能带来一种与需求、与现代技术的发展相调和的存在，而不是周期性地使数百万人失业，使他们穷困潦倒以致求助于施舍处和小客栈，它还有什么权利存在？"

"美国危机的意义和重要性在于，目前不仅美国的有产阶级或统治阶级，而且是整个资本主义制度本身都被打上了一个问号。"（波恩的《新观察》[*Neue Rundschau*]，1931 年 2 月版）

波恩教授发现在苏联革命的伟大意识形态影响下，在苏联存在这一事实的影响下，知识分子的态度有着深刻的变化，特别是技术知识分子。他写道："在布尔什维克革命以前，他们经常反对提倡社会主义，因为这种制度不仅是错的，即使是对的也不可能实现。现在人们不再漠视社会主义制度，认为它不可能实现了。它确实存在，并且因为它就存在于资本主义制度旁边，它要求比较。"波恩教授从美国技术知识分子的立场上做出了比较："苏联的布尔什维克主义意味着对经济的严格计划，在此之下工程师用所有现代技术手段从空地上竖起宏图大业。美国向它自己这样描述这一体系，用比美国的私人企业还快的速度在大草原上建起摩天大楼。对他们而言，这是一项用所有努力建构一个令人向往的世界去取代旧世界的宏大试验。美国工程师一听到苏联的行动就欢欣鼓舞，因为在自己的国家他不能想象在不降低利润的情况下，能树立起比过去更加伟大的技术结构。"

66 　　"经历了美国繁荣的崩溃和其可怕后果的知识分子阶层，正惊讶地注视着五年计划，在他们的眼中，它指出一条坚强的意志决定经济命运的道路。"

　　在美国人那里，苏联有一种特殊的吸引力。如果五年计划能够实现，很多人都将相信苏联人，不久之前还经常被认为是可以写出陀思妥耶夫斯基（Dostoyevsky）的小说和柴可夫斯基（Tchaikovsky）的歌剧的情感化的天才野蛮人，现在在技术领域已经赶上了美国人，而在对社会的有意识领导方面，他们用自己的成功证明已经超越了美国人。

　　"如果资本主义制度不能再把数以百万计的失业者吸引到工业生产过程中来，这种发展的心理影响将是极其深远的。"（出处同上）

　　因此，苏联在社会主义关系的基础上，克服了成千上万的困难和障碍，同众多旧的、个人主义的惯例和偏见残余作斗争，正在设计科学、技术和经济之间的新关系。

　　正是出于这一原因，苏联科学走下形而上学的云端，参与到社会主义的伟大重建中来。它被赋予了相当无限的发展可能性，并成为今后整个建设进程的主导原则。 在改变整个生活的同时，它也改变了自己，首先在新方法的基础上，在所有科学部门的新一元论基础上，对所有科学学科进行大改造。它没有像特权阶级那样把自身同工人大众分离开来；它没有因其成就的不自觉后果而成为一种敌对力量给数百万群众带来新的困苦；相反，它与这些群众的距离更近了，从他们的行列中获得稳定的补充，在为共同目标的努力中与群众有机地结合在一起。这样，它获得了全新的力量并开启了完全空前的前景。马克思和恩格斯的预言越来越清楚地浮现出来，人类从必然王国进入自然王国，在那里，不是机器或产品支配人，而是人支配机器和产品。前路依然艰难，仍需要大量的奋斗和牺牲，但是没有其他的选择，克服所有的障碍和困难，借助于被征服的自然力和它的钢铁奴隶——机器，人类将进入自由和快乐劳动的世界。

有机体进化中的"物理"与"生物"过程

扎瓦多夫斯基（B. Zavadovsky）[①]

　　本届大会就物理学与生物学之间的关系问题展开了讨论。该议题属于探讨不同世界观之间关系的常见问题之一，从而回应当前自然科学中的主要任务。在人类历史进程中，这一问题的答案，随着人类劳动生产的特殊状况、物质文化生产力，以及社会经济生产关系的不断变化而发生改变。由于我的专业学科领域限制，我并不能定量地回答所有问题，因此决定阐释使整个问题得以解决的几个原则性问题，来回答物理学与生物学在处理某些单一生物理论问题时的关系问题。据此，我将基于有机进化理论进行分析，并适当对大会议程中的其他问题提出一些个人观点，包括科学工作中的理论与实践的关系问题，以及在解决自然科学问题中历史方法的作用问题。

　　资产阶级的科学中，现存的各种关于物理学和生物学之关

---

① 鲍里斯·米哈伊洛维奇·扎瓦多夫斯基（Б. М. Завадовский, 1895-1951），神经－体液研究所所长，季米里亚捷夫（К. А. Тимирязев）生物博物馆馆长。——译者注

系问题的观点，可分为两种相互排斥的基本倾向：要么（1）试图辨别二者，将生物现象简化为一种具有物理特性的规律；要么（2）将生物学与物理学作为两个相反的实体，形成鲜明对立。在后一种情况中，通过"物理"来理解无机自然的物质因素，或在有机体内起作用的"机械－生理"因素，并最终还原为分子运动的相同机械定律，而通过"生物"来理解一些非物质性和非空间性的生命力，它们"也就是说，在机械现象的最终分析中，既不是物理和化学的结果，也不是它们的结合"。

尽管在资本主义生产条件下，存在着多种形式和相互矛盾的力量和利益冲突，但在资本主义经济制度处于黄金期时，建立机械唯物主义观的主导地位并不困难；而在 18 世纪末和 19 世纪时，当物质文化随着科学技术的成功而迅速发展，经济矛盾日益激化，资本主义社会的阶级斗争日益加剧，唯心主义、活力论甚至神秘主义思潮则卷土重来。

这些倾向在当前资本主义普遍衰落和衰亡的时期具有特殊作用，这些倾向也表现在那些在资本主义生产方式下制约着自然科学与技术进一步成功发展的矛盾之中；另一方面，随着科学知识的增长，也揭示了将所有复杂的自然现象简化为单一的物理或机械定律公式是不可能的。这些倾向是资产阶级社会在物质文化可能性中普遍幻灭的特点，也是对解决在资本主义制度框架内已经成熟的科学问题的绝望认识。（参见普鲁士部长贝克尔 [Becker] 博士的报告《物质文化危机时期的教育问

题 》[*Educational questions in the period of the crisis of material culture*]）

两种世界观的斗争也自然地反映在了当前关于进化论的思潮中，这些学说均努力解决同一个问题，即作为有机进化的"物理"因素和"生物"因素的关系问题。在这种情况下，"物理"因素通常被认为与周围的"外部"条件有关，而"生物"因素则与"内部"的自主生命力有关，与物质、"物理"的自然规律相反，"生机"或"显性"通常是生命所内在和固有的。

在整个自然科学史上，这种斗争以及随之而来的物理学和生物学之间关系的波动，其主要特征是对"物理"和"生物"，"外部"和"内部"等概念不加批判地使用，区别于绝大多数经验科学，这类争论缺乏任何形式的哲学方法原则指导。

因此，"生物"的概念范畴并不能与"生物生理学"进行足够清晰的区分，"生物生理学"是决定个体发育过程、新陈代谢和机体活动调节的一个主要因素（尽管这种"生物生理学"也不可避免地包括历史因素），以及作为物种形成和系统发育的一个因素——"生物历史"。

71　　由于人类社会被认为是人类生物物种的简单机械总和，因此，也常有将"生物"现象纳入在人类社会历史的倾向。

另一方面，在生物有机体进化的过程中，经常将"外部"等同于物理，将内部等同于"生物"——忘记了生物因素包括物理因素、化学因素和物理化学因素作为其实现的即时条件

（moment condition）和必要条件（necessary condition）。而某一特定有机体的"外部"不仅由无机性质的物理条件组成，而且还由其他有机体的生物环境组成，处于这之中并与这些环境相互作用，该物种的生命才得以发展。对于人类而言，"外部"首先包括所有的社会经济生产关系和物质生产力的条件，它们确定了社会历史过程。

现代经验主义自然科学所涉及的无休止的矛盾，使得资产阶级的科学中任何一个进化理论都无法将自身维持在自己所选择的位置上，而是滑入它被要求反驳的位置上。

因此，新拉马克主义（Neo-Lamarckianism）最初反对达尔文主义是基于达尔文的物种选择理论中"不科学的"偶然概念，以及他的试图将适应问题从理性研究有机体与其存在的外部环境之间的复杂关系领域转移到有机体本身，在有机体与外部物理环境影响的"直接平衡"中，所展开的为有机体变异和适应（由此物种而形成的整个过程）的事实而提供的唯物主义辩护。因此，它得出了关于内在生命力的活力论和目的论概念，指出是内在生命力决定了进化过程的历程和方向。

因此，耐格里（Nageli）的"机械生理学"理论，或伯格（Berg）的循规进化论（nomogenesis）①，尽管作者们努力证明其构造的严格科学内容与唯物主义内容，还是得出了本质上与

---

① 循规进化是苏联著名的地理学家、生物学家和鱼类学家列夫·谢苗诺维奇·伯格（Lev Semyonovich Berg）提出的一种定向进化学说。——译者注

活力论思想相一致的"完美原则"（principle of perfection），或作为"生命物质的主要物理化学特性"的适应论思想，这些思想都不能用它们伪装的唯物主义外在措辞欺骗任何人。

72　　坦率地讲，活力论等诸多理论高举反对庸俗唯物主义机械概念的大旗，努力通过与物理世界相反的、不可知的和非物质的力量，寻求一条了解生物现象本质的道路。另一方面，它们不得不提倡"实践活力论"（practical vitalism），即在研究人员的实际活动中使用那些相同机械研究方法的优越性。因此，它们在直接认知行动的所有领域中都处在庸俗机械论的地位，从而迫使其生命力和生机处于掩蔽我们无知的贫瘠角色。

因此，遗传学家不加批判地发展新达尔文主义思想，认为外部环境的所有"物理"因素都具有遗传物质独立性，客观地将"生物"因素从"物理"因素中独立出来。因此，转而提出那些拉马克主义（Lamarckian）反对者们所主张的自生论，或认为进化是永存的基因组合的结果。事实上，进化论是自然界中不断发展的新形态的过程这一概念被否定了。

最后，拉马克主义者认为进化是遗传累计的体细胞变化的结果，重蹈"生物生理"和"生物历史"进行相同机制识别的覆辙，而忘记了卵子的质变特性，即其自身中就包含了潜在的、进一步发展为复杂生物的可能性，以及正在实现的发展中的有机体。归根结底，这种观点再次否定了发展作为新形态的独立历史过程的事实，如同卵子所代表的，作为未来形态的微缩模型，将在现实中的发展过程还原为生长功能。

为解决生物进化待回答的问题，达尔文主义者们多次尝试与拉马克主义者进行折中和解，其中尽管海克尔（Haeckel）、普拉德（Plate）以及达尔文本人不情愿地接受了拉马克的获得性遗传及许多其他的思想。但根本性的、无法解决的内部矛盾导致了对立。主要是因为拉马克主义认为在物种形成过程中，生物有机体为回应某一相同的外部环境影响所做出的直接适应性群体变异，是无用且无能的选择，这一推论是对达尔文主义的否定。

资产阶级科学的引人注目的典型例子就是一方面犹豫地将生物过程机械地"还原"为物理过程，另一方面又承认生物绝对自主性，这就是穆勒（Muller）教授的"进化方法"的立场。首先，他极其清楚地证明了种质依赖于伦琴射线等外部环境的物理影响，其论证之有力，以至于直到最近，大多数遗传学家才否证了它，穆勒大致是站在正确的达尔文主义立场上，尽管如此，还是回到了（尽管有很多保留）最底层的机械论命题，即将变异过程视为伦琴射线对种质作用的直接结果。因此，他将基因修饰问题（作为遗传的一种生物学因素）简化为从生物分子中排出电子的物理时刻，从而忘记了生物学过程与物理现象相比具有更深远的定性特征。

进化论在资本主义国家所经历的这场危机的最终结果是人们试图完全否定进化论的事实，或将这种理论视为可能的"假设"之一，与《圣经》六日创造世界的传说并列，或最终对在

73

当前科学知识水平上解决进化问题的可能性持坦率的不可知论和幻灭论立场（如约翰森 [Johansen]、巴特森 [Batson] 以及苏联的菲利普琴科 [Filipchenko]）。

从**社会历史**（socio-historical）的角度来看，这些思想流派反映了资产阶级科学家意识到困扰着资本主义国家的内部社会经济矛盾，表明了在资本主义制度的框架内，自然科学和所有科学一样不可能进一步正常发展。

从**方法论**的角度来看，这些立场是自然研究家们（Naturalists）对当前事实的蔑视，因被其科学的经验性成功和技术应用的增长所迷惑而得意忘形，但这些都是出于哲学方法论的回顾和对其科学分支所研究的事实与结论的掌握。如果个别科学家尝试概括这种哲学，上述立场就反映出他们受一般性思维的阶级限制，无法采用辩证唯物主义这一唯一正确的哲学立场。

74　　　自然研究家想象，当他们忽略或滥用哲学时，他们正从哲学中解放自己。但是，由于他们离开思维便不能前进，而逻辑规定又是思维所必需的；而这些规定是他们从所谓有教养者的那种受制于早已过时的哲学残渣的一般意识中盲目地取来的，或者从对各种哲学著作的非批判性和非系统性的阅读中取来的——从长远来看，他们最终被证明是哲学的奴隶，更为遗憾的是大多做了最蹩脚的哲学的奴隶。因此，那些特别狂热地滥用哲学的人成了最蹩脚的哲学体系的最糟糕的庸俗奴隶。（恩格斯：《自然辩证法》，

第 25 页）[①]

　　还有一种坚定但不正确的印象，即科学总是要不惜一切代价，将复杂的现象简化为更简单的现象。因此，生物科学的成功只有在将生命现象还原到更简单的物理规则的情况下才有可能实现，而社会科学只能通过依靠生物学的成就来建立其定律。实际上，我们看到，例如在达尔文时代，遗传的事实似乎相对简单——拉马克主义者以一种获得性特征遗传传递的常人感觉处理之，一种因其明显的简洁性而非常具有吸引力的解释——今天只有在孟德尔主义和摩尔根主义非常复杂的公式中才能获得它们的真正解释。许多非凡的物理现象是由生物学家首先发现的，并且在它们的物理性质被人们所认识之前，它们对活的生物体的影响的许多规律（如 X 射线、动物电现象等）就已被发现。在达尔文提出生物有机体进化基本规律的二十年前，马克思和恩格斯就发现了人类社会发展的基本规律，这使得在我们这个时代，全球六分之一的人口成功地克服了看似不

---

　　① 《自然辩证法》中译本为："自然科学家相信，他们只要不理睬哲学或辱骂哲学，就能从哲学中解放出来。但是，因为他们离开思维便不能前进，而且要思维就得有思维规定，而这些范畴是他们从所谓有教养者的那种受早已过时的哲学残渣支配的一般意识中盲目地取来的，或是从大学必修的哲学课的零星内容（这些内容不仅是片断的，而且是分属于极不相同的和多半是最蹩脚的学派的人们的观点的杂烩）中取来的，或是从不加批判而又毫无系统地阅读的各种哲学著作中取来的——正因为这样，他们同样做了哲学的奴隶，而且遗憾的是大多做了最蹩脚的哲学的奴隶，而那些对哲学家辱骂得最厉害的人恰好变成了最蹩脚的哲学家的最蹩脚的庸俗残渣的奴隶。"（恩格斯：《自然辩证法》，北京：人民出版社，2018，第68—69页）——译者注

平等的斗争的困难。

这一切表明，科学研究的真正任务不是对生物因素和物理因素进行粗暴识别，而是发现具有定性特征的控制原则（这些控制原则是描述每个特定现象的主要特征）和找到适合于研究对象的研究方法的能力。这就是为什么在同一物理科学的框架内，我们能够理解水决不是氧和氢的简单机械混合物，而是它们在物理和化学性质上构成了**水的新品质**，那么生命现象更代表着一个复杂的物质系统，要求使用特殊的生物生理学和生物历史学研究方法来研究。这些定律，例如自然选择定律或在有机体内运行的生理定律，在某种意义上不比控制行星系统运动或电子围绕原子核运动的物理定律更简单或更复杂。

75　　在此问题中要牢记的基本思想是不可能简单、粗略地识别这两类现象，而且将生物学定律还原为物理学定律的尝试是徒劳的，就像活力主义者试图从物质的普遍活力来理解世界现象一样。

辩证唯物主义始于信念，断言客观存在于我们之外的世界的现实性，这一断言被人类活动的全部实践所证明，即我们的意识不仅反映了我们感觉器官直接感知到的客观事实，而且反映了这些事实与周围其他事实的相互联系，以及不可分割的统一性和系统性。这使得我们不仅必须接受生物体结构的相似性和统一性的**事实**，还必须接受对这些事实的唯一可能和合理的解释，这取决于对它们起源的统一性和**发展**的历史规律的认识，这种规律将自然界中的所有现象相互联系在一起。因此，对于我们来说，进化，如同我们直接感知到猿和人是不同的这一事实一样，是一个不容置疑的事实。

确立发展、变化、运动为物质的基本性质和辩证法基本定律的统一性，对一切形式的物质运动均具有约束力（对立统一规律、否定之否定规律以及量变质变规律），唯物辩证法同时强调物质运动形式的极端多样性和具体的定性区分，以及物质不同发展阶段的规律特征。因此，必须有专门、独立的学科来研究这些不同形式的运动。

在这方面，普遍发展的辩证概念——由黑格尔证明，并由马克思、恩格斯和列宁进行了唯物主义改造——涵盖了达尔文的生命有机体进化理论，这是辩证过程应用于物质运动的生物学形式的具体表达，同时，也有可能克服资产阶级自然科学范围内积累的一些方法论错误和矛盾。

正是从这一观点出发，历史上与无机性的物理现象相关联的生物现象，不仅不能还原为物理－化学定律或机械定律，而且作为生物过程，在其自身的范围内表现出变化的和质上截然不同的定律。因此，生物学定律至少不会丧失其物质性质和可识别性，仅要求在每种情况下研究方法都与所研究的现象相适应。

上述的必然结论是物质飞跃的辩证发展（这与量变积累带来的质的革命性变化密切相关）以及生物过程具有**相对自主性**（relative autonomy），即生物不仅是在与其周围物理条件相互作用的情况下发展，而且是生物系统本身潜在的内部矛盾发展的

76

结果。这种方法克服了过于简化的机械尝试，即将发展的生物过程设想为仅是外部环境的物理影响，或仅是生物本身或其基因内部相似的物理和物理－化学过程的结果；据称，通过这种方法可以解释最复杂和在质上最特殊的突变现象，从而解释物种形成的整个过程。同时，这一观点还克服了生物学对物理学的形而上学反抗，作为一种绝对自主和独立的原则，生物现象在某种程度上被认为与物理现象有着不可分割的历史联系（作为一种更高的运动形式，源自较低的、无机的物质运动形式）和动态联系（新陈代谢）。

同时，辩证法绝不会消除有机进化过程中外部的和物理的作用，在每种情况下都只需要对这些概念进行清晰的定义，并承认有机体与其外部环境之间、"生物"与"物理"之间存在的所有这些联系形式的多重性。因此，物理在生物过程发生的框架内构成了必要**条件**，但与此同时，它作为一个必要方面进入了生物过程。此外，它可能是种质突变的直接刺激，因此，在"生物"方面同时是外部的和内部的。最后，它可以作为控制因素，在自然选择的过程中决定进化过程的进程，因此可以作为生物形态的创造者。这样，"外部"不仅包括外部环境的物理条件，还包括其他有机体环境所构成的生物包围圈，并且，就人类的进化而言，还包括人类社会中普遍存在的社会经济关系。

77　　唯物辩证法将生物概念区分为一方面是一种个体发育过程的表达，另一方面是系统发育过程的表达，认为后者是一种特殊的、最复杂的形式，是"生物"和"物理"（有机体和其周围环境）、生物和其自身（有机体的生物关系）的一种相互作用。这个概念中包含了"淘汰"或隐退到背景之中，无论外部环境的纯粹物理定律，还是个体发展的"生物生理"定律都定性地服从于历史生物学的新的特定定律。

只有根据达尔文关于生命斗争和自然选择的规律所规范的这些新关系，个体的遗传变异才能在物种形成中获得一种要素力量，从而最复杂的生物适应现象（例如：保护色、模仿、对子代的照顾、其他本能、寄生、共生等）得到了合理的唯物主义解释。

同时，经由分子机械运动的单一数学公式，或单一"完美原则"的活力论思想，来理解世界复杂性和多样性的企图最终也崩溃了，它实际上是基于不可解释论和不可知论去了解和说明世界的尝试。

有意识或无意识地接受对事物本质的机械观点，其中一种形式是机械化地试图将生物定律转移到社会和历史关系领域，人们再次忘记了适用于各种物质运动形式之规律的定性特征的基本辩证法。这些尝试，以所谓的"社会达尔文主义"试图在为生存而斗争的生物学规律中寻找资本主义竞争、种族和阶级不平等以及作为一种"选择"因素的战争的正当理由。它们形象直观地揭示了科学理论的阶级局限性，以及资产阶级科学家作为反映其阶级利益的理论家的作用，同时这些理论也具有无法理解所有特定条件的基本方法论的缺陷，这些特定条件以社会－经济生产关系的形式存在，决定着社会－历史进程的规律，赋予生物学因素以一种轻微和次要的地位。

78   同时，即便在保留生物学因素和规律的框架内，我们也不得不指出资产阶级优生主义者对生物学事实的明显武断的解释，他们试图将人的社会不平等视为其遗传特征中生物学不平等的直接结果。因为，除了"更好"和"更差"的遗传基因概念的相对性和阶级内容外，正是遗传特征相对于外部环境的影响的持久性和抵抗力的生物学事实，而不是拉马克主义的观点，可以必然地解释这样一个事实，即**尽管**工人阶级队伍中存在着不利的外部条件（长期的食物不足、失业和与贫困有关的其他匮乏），但为了人类更美好的未来，他们不断成长为新的战士，而社会主义国家立即找到了自己的军事领袖，其国民经济、科学和技术的建设者，他们能够提供计划工作和组织国家生活的最佳范例。

    发展中的工业资产阶级，在一种有意制定的唯物主义激进立场中，看到一种对其与教会和宗教（支持封建主义保守势力的唯心主义意识形态）影响做斗争的理论支持，是非常正常的。这就是为什么达尔文理论的唯物主义核心最初得到资产阶级理论家的认可，作为自由资本主义竞争原则的科学证明和辩护。同样正常的是，在衡量经济矛盾增长方面，我们在当今西方资产阶级的科学文献中观察到越来越频繁地试图修改达尔文主义，并回到明显唯心主义和神秘主义的概念——直至并包括对进化论的公开迫害（美国的猴子审判），在教会和《圣经》中寻求对宇宙问题的回答，以及复兴日渐衰微的对资本主义制度稳定性的信念。

所有这些事实都证明了科学理论的社会历史和阶级的决定性。

科学理论反映了特定历史时期物质生产资料力量和社会经 79
济关系的状况，不仅表现了科学的实际状态和所获得的知识水平，而且表现了敌对团体和阶级之经济利益的意识形态辩护。同时，它们也代表了宣扬相关理论的社会群体的行动指南。这就是为什么无产阶级要为全世界的社会重建而奋斗，并为新社会和新文化奠定基础，肩负着批判性地审查我们从资产阶级科学中获得的所有遗产，并克服固有理论结构的任务。尽管这些结构没有遵循事物的真正关联，但也揭示了过去创造该科学的社会形态的阶级特征和目的性。这样做的必要性，不仅取决于我们认识周围世界的共同利益，而且取决于资本主义国家工人阶级从敌对阶级的经济束缚和意识形态影响中解放的切身利益，还取决于苏联国民经济各个领域中社会主义建设的实际问题，它们是由无产阶级在科学研究自然规律和人类社会发展规律的基础上组织起来的。苏联对科学理论、科学理论研究和科学史的浓厚兴趣和重视的原因就在于此。

正确定义生物科学和物理科学之间的关系，尤其是生物过程中"物理"和"生物"关系——一方面是个体发展，另一方面是家畜和栽培植物新品种的培育和生产——在有计划地解决社会主义大规模农业和畜牧问题方面具有重要意义。这些都必须克服机械论和拉马克式的观念，这种观念在大多数畜牧从业者中广泛存在，他们试图寻求人工和物理方法来解决整个生物问题；以及遗传学家们满腔热血地认为现代遗传学和选择方法的应用涵盖了社会主义五年计划的任务，却没有考虑基于外部物理环境对表型之发展和新遗传变异之出现的影响，从而忽略了系统采取其他人类社会方法措施的作用和重要性。

最后，这些理论结论对于解决由于整个教育学体系的重组，以及体育文化、人体卫生的科学重建而产生的实际问题同样重要，这些问题也需要适合于每种情况的适当的解决方案，需要其理论经过事实检验和有系统地思考，**尤其**还依赖于对物理科学、生物学和社会 – 历史科学关系的正确定义。

80　　肯定宇宙的统一性及其在物质运动的不同形式中表达的质的多样性，有必要放弃将某些科学简化地等同或还原为其他科学，如同自然科学领域机械论和实证主义潮流的支持者所做的那样，在物理、生物和社会 – 历史科学之间鲜明地划定和绘制了绝对的分水岭——这些分水岭通常采取的形式是承认现象的因果确定性仅存在于物理科学领域，同时提出在生物科学中寻求目的论解决方案，并在社会 – 历史现象领域完全放弃寻找任何秩序和历史过程的解释。

由于我们研究的现象具体现实处于与周围所有现象的统一而复杂的相互作用中，因此，每一项详尽且有价值的研究都需要考虑和借鉴所有相邻的科学领域以及它们所代表的特定研究方法，同时所有科学都遵循辩证唯物主义的知识论和方法论。

只要自然研究家仍停留在基于形式逻辑和形而上学的方法

论的界限之内，去寻找事物的本质，将之作为孤立的绝对，而不考虑它们与周围现象的联系和相互作用，也不考虑那些变异（这是整个世界辩证发展的特征），那么修改机械唯物主义（现代自然研究家不满足于这一概念，但这却是他唯一熟悉而不落入活力论窠臼的概念）的无数次尝试均注定会失败。

同时，这些探索也证明了以下事实：现代自然科学正经历着一场深刻的危机，并阻碍了其进一步正常发展，而已掌握的普遍意义上的知识已经成熟到能够有意识地运用辩证法。

更令人遗憾的是，现代自然研究家在研究哲学和自然科学史问题时，仍然没有意识到这些问题（它们一方面克服了最反动的唯心主义和活力论，另一方面克服了庸俗唯物主义过于简单的机械论问题），而在七十多年前辩证唯物主义哲学的奠基人马克思和恩格斯的经典著作中，以及在当今列宁的著作中，早已阐明了这些问题的相关基本原则和特征。

物理学和生物学中的动力规律与统计规律 [①]

科尔曼（E. Colman）[②]

规律性问题在哲学史、自然科学史和社会科学史上起着决定性作用。

尽管动力规律和统计规律穷尽了物质世界和描绘它的意识中（基于辩证法则）所有种类的规律，例如仅因果关系就穷尽了所有类型的关系，尽管整个问题与其他主要哲学范畴问题（如必要性与自由性、因果性与偶然性、连续性与不连续性等）密切相关。然而，在物理学和生物学应用领域，该问题本身确实构成了一个整体，并足以成为日常兴趣的焦点，作为单独讨论的主题。

如果没有从辩证唯物主义角度来理解规律性，物理学和生物学就无法从斯库拉式机械宿命论（the Scylla of mechanistic fatalism）

---

① 生物学方面的材料由国家微生物研究所（莫斯科）副所长克里尼（A. M. Krinitzky）教授提供。

② 恩斯特·亚罗米洛维奇·科尔曼（Э. Я. Кольман, 1892-1979），莫斯科自然科学研究所协会主席，数学与力学研究所教授；苏联科学委员会主席团成员。——译者注

和卡律布狄斯式不确定论（the Charybdis of indeterminism）① 的两难夹缝中开辟出一条道路来。这个问题之所以特别重要，是因为随着资本主义危机的加剧，资产阶级世界的科学变得越来越反动，势不可挡地走向毫无掩盖的唯信仰论（fideism）。

如果二十年前的资产阶级哲学家，尽管大多数物理学家都是自发的唯物主义者，把物质的放射性衰变看作物质消失的证据；更进一步，如果相对论被当作哲学上的相对主义、主观主义的确切证据，今天的资产阶级物理学家都将以量子论为依据，宣称因果关系已被推翻，并庄重地将相对论请上神坛，从而推翻亚里士多德的**目的因**（causa finalis）。从近期大量例子中，我们列举几个：石里克在《自然科学》（*Die Naturwissenschaften*）2 月号上所发表的《当代物理学中的因果关系》（Die Kausalität in der gegenwartigen Physik）一文中，对他先前的错误深表歉意。他承认对唯物主义做出了太大的让步，并采纳了过去与未来是无法区分的，自然现象是待定的和不确定的观点，从而否认了因果关系和决定论。

密立根（R.A. Millikan）在《自然》（*Nature*）杂志 1 月号　84

---

① 斯库拉（Scylla）和卡律布狄斯（Charybdis）是希腊神话中的两个海妖。她们各守护着墨西拿海峡（Strait of Messina）的一侧。斯库拉本来是一位美丽的仙女，因为女巫喀耳刻（Circe）妒忌她的美貌把她变成了怪物，她捕捉过往船只的水手并且吃掉他们。卡律布狄斯是一个怪物，她能够在一天之内三次吸入又吐出海峡中的水。海峡靠近陆地的一侧有一块危险的岩石称作"斯库拉巨岩"；西西里岛一侧的一处漩涡被称作"卡律布狄斯漩涡"。Scylla 和 Charybdis 一般相对出现，如短语"Scylla and Charybdis"是左右为难的意思。——译者注

上发表的《关于原子分离和原子合成的理论与实验现状》(Present Status of Theory and Experiment as to Atomic Disintigration and Atomic Synthesis)一文中，对有关上帝与世界之间关系的三阶段神学思想进行了比较：首先，以热力学第二定律为基础的上帝概念，这是结束减速世界机制所必需；其次，基于达尔文进化论的（它所声称的）上帝等同于世界的理论，代表了从达芬奇到牛顿和爱因斯坦等大多数伟大的科学家的哲学态度；最后，回到中世纪有神论神学的不间断创造论，密立根对此表达了同情："为了使创造者能够继续从事他的工作，以前曾多次给出推测性建议。或许，朝那个方向有一点点实验性的指向"，据称这为发现宇宙射线提供了支持。

爱丁顿（A. S. Eddington）在《从数学物理学立场看世界末日》(The End of the World from the Stand Point of mathematical Physics，《自然》杂志三月号)中认为，世界在空间上是有限的，在时间上是有开端的，并且正朝着越来越缺乏组织性的方向发展。对我们马克思列宁主义者来说，这种物理学理论显然只反映了资产阶级意识形态的一般趋势，它把资本主义制度即将到来的必然终结解释为无政府状态。

然而，即使从神学的、反动的方面来看，这样的理论也无法为研究者提供任何帮助。根据爱丁顿本人引用的数据：原来的世界半径为 12 亿光年，今天的世界半径是原来的十倍，而世界半径每 15 亿年翻一番，由此可以毫不费力地计算出来，上帝在大约 50 亿年前创造了世界。的确，这表明《圣经》中存在一些错误，但恒星和化学元素起源所需的时期也与爱丁顿本人所采纳的数十亿年的时期相矛盾。

在危机时期，统治阶级对科学创造的意识形态压迫比其他任何时期都更加强大。

在社会科学中，确定规律的性质、其认知能力（内容的范围和服务于科学预测的能力）及其局限性，与自然科学一样重要。在苏联，社会主义经济的基础建设已接近尾声，因此，市场自由发挥的基础越来越狭窄，不断被社会主义计划所抛弃并被取代，如果没有可靠的方法论基础，那么与统计方法的有效性、预测的可靠性，以及关于整体计划方案的相关问题就会极其尖锐，且无法回答。有关计划的问题，即使要素之力受制于计划方向的问题，既是经济和政策的理论重点，也是其实践重点。

动力规律和统计规律问题是如何被当代自然科学中的哲学倾向所提出和解决的呢？包含这两个极端思想的机械论（mechanism）实际上只承认动力规律，以狭义的机械力学将它们解释为无质量粒子的空间转换；而不确定论只承认统计规律，通过它来掩盖其对必要性和条件性的否定，称这是对自由、不确定的偶然性的表达。

关于规律性的机械论概念，作为 19 世纪自然科学的形而上时期的代表，赫尔姆霍兹（H. Helmholtz）通过他 1869 年在因斯布鲁克（Innsbruck）发表的演说《关于自然科学的目标和进展》（Uber das Ziel und die Fortschritte der Naturwissenschaft）中

85

得到清楚地阐述："然而，如果运动是世界上所有其他变化背后的主要变化，那么，所有基本力量都是运动的力量，自然科学的目的是找到所有其他变化背后的运动，并找到其动力，即将它们解析为力学。"

对于今天的目的而言，我们对机械空间位移运动的不科学性不感兴趣，而对赫尔姆霍兹所犯的另一个同样重大的方法学错误更感兴趣：他不了解一般事物与特殊事物之间的区别。恩格斯和赫尔姆霍兹一样，理解每种运动都以某种方式与机械运动联系在一起，但与赫尔姆霍兹不同的是，他是辩证法学家，他没有打算研究一般、平均和无关紧要的事物，恰恰相反，他研究一种运动不同于另一种运动的特殊特征。需要补充的是，我们不承认特殊性与机械地将物质分解为没有质量的相同原子紧密相关，并且断言动力规律是唯一客观的必然意味着统计规律被认为仅在主观上有效（它被认为在自然界不存在，这实际上仅反映了我们的无知）。

与物理学一样，相同的方法论错误也潜存于生物学中，导致了机械论偏差：对一般、特殊和个体之间关系的错误理解，反过来可以用知识论来解释，而知识论本质上是主观的，从生物学上否认了个体的客观性，从而将他们简化为物理化学过程，最后简化为机械运动。当特定从一般（给定的先验）中推论出来时，这种主观主义可能具有理性主义特征；或者当一般本身被视为一个主观类别，并建立在各部分的基础之上时，它也可能具有经验性质。因此，一般与特殊之间的关系被减少到仅是一种量的差别。对此，自然现象的单义性是一个必要前提，因为只有在这种情况下，才能应用动力规律，并且不需费吹灰之力就可以将数学应用于有机世界的所有复杂过程和形式当中。

对生物学进行数学化的尝试非常有特色，因为它们的不足，它们也无力理解主体的多重性和多样性，而这种多重性和多样性有时是显而易见的，特别是在具体问题上。以罗纳德·罗斯（Ronald Ross）的著作《预防疟疾》（*The Prevention of Malaria*）为例，其中详细阐述了一套完整的方程组来描绘疟疾的流行动态，尽管作者最终被迫承认它对阐明实际情况的贡献很小。德国疟疾研究人员穆伦斯（Muhlens）一针见血地指出，疟疾的流行程度和严重程度不仅取决于蝇和寄生虫携带者的数量，还取决于许多其他因素，不仅包括一般的、遗传的、气候的和季节的条件，还包括蝇和人类的个体处境等。然而，罗斯的纯定量计算不能反映这些因素。

更为重要的尝试是，沃尔泰拉（Volterra）试图通过微分方程来描述有机物种之间的和遗传传递状况的生物学法则，他提出了三个关于物种共存波动的主要数学规律，即（1）周期循环定律；（2）平均守恒定律；（3）平均摄动定律。沃尔泰拉本人意识到数学处理意味着脱离现实，甚至无法呈现出一个近似的画面，这是一种粗略的图解式处理，将过程与实际情境隔离开来。例如，这一阐述中仅考虑了两个因素，即生活在一起的物种繁殖力和肆虐性。这些方程式对现实的研究没有多少帮助。

如果我们把沃尔泰拉关于生存斗争的数学理论与达尔文的《物种起源》（*Origin of Species*）中对这个问题的生物学处理相比较，那么后者的优越性是毋庸置疑的。

最后，我们参考弗雷·弗雷米特（Fauré Fremiet）的著作：《发展动力学》（*La cinétique du développement*）。文中，他试图根据微分方程来处理有机物的生长规律，并简要表达了他的态度："个体生长可以采用基于时间函数的两个特征变量来描述，包括：（1）构成组织系统的物质的质量；（2）该系统的异质程度和理化复杂程度。"

87　　所有这些尝试的主要缺陷在于，它们忽略了特定过程，特定的、具体的、复杂的现象（疟疾、生态、遗传）的特殊性——作为这些法则特征的、它们所独有的特殊性——被忽略了。普遍联系中的无限（它刻画了给定具体形式的客观现实的特征）被简化、粗化和抹杀，缩减为一种被部分掌握的狭义因果关系，仅代表世界的一小部分复杂性。

在当今自然科学的危急情况下，海森堡（Heisenberg）采取了截然相反的立场，在他和他的众多拥护者给出的所谓"不确定性原理"中，最为清楚地表达了这种立场。这种不确定性原理可以通过以下方式从数学语言翻译为人类语言：原则上不可能以相同的精度确定电子的位置和速度。我们对一个量级（magnitudes）的测量越精确，对另一个量级的测量就越不精确；这不是我们的仪器有缺陷；实际上，恰恰相反，测量过程本身会对电子的位置和速度产生影响，且测量越精确，影响就越大。因此，如果我们知道电子的原始状态（位置和速度），我们就无法在任何给定的时间内确定其状态，海森堡从中得出以下结论（参阅《物理学杂志》[*Zeitschrift fur Physik*]，1927 年，第 43 号）。

"由于所有实验都受量子力学定律的约束，因果定律的无效性肯定是由量子力学确定的。"显然这种错误的方法论，在于对一般与特殊之间的关系缺少辩证认识。海森堡和作为一个整体的量子力学，正确地强调了在任何实际过程中相互作用的存在，但其本身并不能解决它所提出的问题。马克思在《资本论》（第三卷，第十章）中论述了资本主义生产规律的相互作用问题：

> 资本主义生产的实际的内在规律，显然不能由供求的互相作用来说明（完全撇开对这两种社会动力的更深刻的分析不说，在这里不需要作出这种分析），因为这种规律只有在供求不再发生作用时，也就是互相一致时，才纯粹地实现。供求实际上从来不会一致；如果它们达到一致，那也只是偶然现象，所以在科学上等于零，可以看做没有发生过的事情。可是，在政治经济学上必须假定供求是一致的。为什么呢？这是为了对各种现象在它们的合乎规律的、符合它们的概念的形态上来进行考察，也就是说，撇开由供求变动引起的假象来进行考察。①

---

① 译文引自马克思：《资本论（纪念版）》第三卷，北京：人民出版社，2018 年，第 211 页。——译者注

　　在消除供求变化时，马克思参与了一个抽象的过程，但这种抽象保留了资本主义的本质特征，这是刻画它且为它所独有的特征，而一种保留了供求的剩余价值定律抽象物，将剥离特定生产的特定形式，解决一般中的特殊问题，并引导列宁评论黑格尔称其"行动间的纯粹概念不足且贫乏"并要求"因果关系原则应用中的中介"。

88　　所谓的数学摆是一种抽象，与实际的物理摆不同，这种抽象是由线程的质量构成的，并且摆动体的整个质量被认为集中在一个点上。这样就不难用典型的动力规律来表示这种摆在空白空间中的振荡规律了。将钟摆的长度视为 l，将重力加速度视为 g，将初始振幅视为 a，在任何时间 t，相应的振幅 a 都可按要求被精确地计算出来。与此相反，量子力学认为，摆动体质量集中得越小，我们就越接近分子、原子、电子维度，规律的统计特征就越明显，即布朗运动定律，也即任何给定物体的分子热运动定律：每个粒子从初始位置变形量 x 的平方的平均值，与动能 Ex 的平均值成正比，该平均值的时间 t 是确定的。因此，海森堡、石里克等人总结说，我们根本无法抽象地总结这种动力规律。这里，很明显他们不了解一般和特殊。在给定情况下，量子力学所引用的布朗运动的统计定律对任何物体的运动都同样有效，因此，它很少能够告诉我们关于钟摆运动的实际基本规律，就如同供求规律很少能够告诉我们关于资本主义生产方式的实际基本规律一样。

　　如同在物理学中一样，生物学中不确定性的特征也是未能理解一般与特殊之间的关系。具体、个体、定性特征、其独特性和不可重复性被强调，而一般则被转化为幻觉，或充其量被描绘为主观的。这种方法论态度导致了对一般规律的否定，或者将这些规律降级为某种主观的、相对的、逻辑的产物。有机过程被认为是自发的、源自自身的，证明这一观点的论据之一是生命出现的周期性。不确定性以其最多样化的形式取代了因果关系，我们来到了离马赫主义不远的弗沃恩（Verworn）的条件主义，它取代了解释，通过描述过程状况来发现其性质，通过描述功能关系来发现其因果联系。

活力论属于同一类别，因为它也否认因果关系而支持目的论，或者至少对其施加了限制。因此，例如，杜里舒在 1927 年的《生物学文摘》（*Biologisches Zentralbratt*）中写道："在无机领域，如果瞬时星座、瞬时速度和基本定律完全已知，我们可以进行预测；但在生物学中我们做不到这一点。"当今物理学中的不确定论已对生物学产生了强大的影响；贝尔塔兰菲（Bertalanffy）的文章非常清楚地表明了这一点，这些文章提出了终结性和目的论，以反对因果关系和能量守恒定律。

重要的是，不确定性（否认预测）和宿命论（原则上不排除预测，但实际上剥夺了预测的重要性，因为根据该理论，事件的过程是绝对事先确定的、不能改变的）从知识论的角度来看，是紧密联系的。因此，例如，艾默的定向进化论

（orthogenesis）① 和伯格（Berg）的循规进化论（nomogenesis）②，可以预测进一步的发展，然而，这并没有使它们失去活力论的性质。另一方面，具有活力论特征的突变进化论、格式塔理论等则认为进化是不可预测、不可分解和不能溯源的。因此，绝对必要性与绝对偶然性相一致。

在生物学中，从方法论的角度来看，人们最感兴趣的是以统计规律的形式表达各种不确定性，这可以追溯到凯特莱（Quetelet）时代，他为变异统计学奠定了基础。在凯特莱的著作（如同道尔顿［Dalton］的著作和将数学形式赋予这些定律的皮尔逊［Pearson］生物统计学派的著作）中，统计规律性仅意味着承认动力规律，尤其是其主要因素不充分时，偶然因素便得到了承认。然而，应该指出的是，统计规律（针对动力规律的机械特性，针对对质的否定而设计的）在一定程度上也会重复同样的机械错误：很快，一切都成为一个数量的问题，平均

---

① 定向进化、直向进化、渐进进化或自然发生，是一种假设，即由于某种内部或外部"驱动力"，生命具有以单线方式进化的先天倾向。该假设基于本质主义和宇宙目的论，并提出了一种缓慢改变物种的内在驱动力。乔治·盖洛德·辛普森（George Gaylord Simpson）在对定向进化的攻击中称这种机制为"神秘的内在力量"。定向进化的经典支持者拒绝将自然选择理论作为进化中的组织机制，拒绝将物种形成理论作为引导进化的直线模型作用于具有"本质"的离散物种。西奥多·艾默（Theodor Eimer）推广了定向进化这一术语，尽管其中的许多想法要古老得多。——译者注

② 列弗·谢苗诺维奇·伯格（Lev Semyonovich Berg，也称为 Leo S. Berg，俄语名 Лев Семёнович Берг；1876 年 3 月 14 日—1950 年 12 月 24 日）是苏联杰出地理学家、生物学家和鱼类学家，在 1940 年至 1950 年期间担任苏联地理学会主席。他还发展出了自己的进化理论，而不是达尔文和拉马克的进化理论。——译者注

数的问题和外部环境的纯粹形式枚举问题，而过程的内在联系和结构被忽视且经常被扭曲，如著名的高尔顿定律所体现的那样。①

问题的解决在于两种规律的综合，每种形式都只是彼此的一个因素：在现实中，两者存在于内部矛盾的统一中，内在于物质的每一个过程、每一种运动中；正是它们的相互渗透和斗争体现了物质的内在发展；这些规律的数学表达对于现实来讲是不足够的。因此可知，仅基于动力规律，或仅基于统计规律的知识必定是不完整的、片面的、近似的，如果它声称理解了整个现实，那么也是不科学的。这就是为什么马克思发现了资本主义生产的基本规律，并抽象出供求关系，并宣布这些规律"只是以一种极其错综复杂和近似的方式，作为从不断波动中得出的、但永远不能确定的平均数来发生作用"②（《资本论》，英文版，第三卷，第九章）。当今的自然科学，被调和光和物质的微粒理论和波动理论，调和连续性和不连续性的问题所震撼，只有借助唯物辩证法，把每一条规律都作为矛盾相互渗透与相互斗争的统一，才能走出这条死胡同。

当今自然科学经过漫长而痛苦的历程催生出辩证唯物主义，这使我们更加坚信，没有历史和革命的推动，这个问题不

90

---

① 高尔顿 (F. Galton) 于 1889 年在研究人类身高的亲子关系时发现的生物数量性状的"回归现象"，即平均来说，子代的表型值比亲代更接近于群体的平均值。——译者注

② 译文引自马克思：《资本论（纪念版）》第三卷，北京：人民出版社，2018 年，第 181 页。——译者注

会继续进行下去，只有从资本主义意识形态的奴役中解放出来的新一代无产阶级自然研究者，才能最终摧毁现在阻碍科学发展的形而上学方法论这样的老旧传统；阻碍资产阶级自然研究者以及自然唯物主义者承认辩证法，且即使在资本主义衰落的时期，也使他们仍走向唯心主义的最根本原因，在于其与统治阶级及意识形态的紧密联系。

91　　在资产阶级的哲学关于自然规律的两个极端之间，在机械论和不确定论之间，存在着广阔的二元和折中的中间倾向领域。最典型的代表是马赫主义者，其中米塞斯（Mises）遵循的原则是，动力规律支配着形成集合的各个要素，而统计规律则支配整个集合。他们将之视为统计规律的客观处理，经常以以下方式表达他们的观点：统计规律是宏观规律，而动力规律是微观规律。但是没有一个整体本身不能成为部分，也没有任何部分不能被表示为一个整体的集合；与构成它的分子相比，我们的地球又是一个宏观宇宙，但与银河系的恒星系统相比，我们的地球是一个微观世界。这样，定义规律特征时的客观性就失去了，而一切都取决于我们如何看待给定的对象。另一方面，这个定义是形而上学的，因为动力规律和统计规律被表示为彼此分开的存在。因此，从形式主义出发，折中主义者与统计规律性的机械概念作斗争，以临时替代我们的无知（因为最终整体的规律被认为只是个别规律的总和）。在向机械论者让步的同时，即认为统计规律和动力规律之间的关系与整体规律和部分规律之间的关系相同，他们大声疾呼反对机械论者将整体规律还原为部分规律的企图。折中主义者区分了加成性和非加成性，并坚持认为非加成性对于集合的每个单独元素来讲不是独特的，而是附加于它的，由统计规律所描绘；因此，无法通过对单个事件规律的定量总结来确定整体的统计规律。但是，这种说法并没有达到其目的。机械论者或许可以完全脱离对整体规律的认同，这个整体是各部分规律的简单加和——他们仍然处在以前的位置上，他们维持的质可以被简化为量。

　　事实上，这样的断言有什么含义呢？例如，不能将整个气体状态的统计规律简化为其分子的多重动力规律。这是一个非加成的集合例子：所有分子都处于相互作用的过程中，温度、压力和体积等整体属性不能作为单个分子属性的简单加和而被发展出来。但这是否意味着完全不可能根据各部分运动的动力规律来发展整体规律呢？该问题本身会产生不可知论。实际上，相互作用的过程是存在的；粒子之间形成了连接；那么为什么我们的知识不能遵循起源的过程呢？也许是因为我们无法从数学上解决这个问题？这是机械论者给出的答案：如果我们能够求解各个部分运动的微分方程，我们理应能够理解整体的运动，因此，原则上，整体规律就可以简化为各部分的规律。这完全不能！我们可以列举一些示例，在最简单的机械运动中，我们能够解析非加成性集合的微分方程组。但，这给了我们什么答案呢？虽然告诉了我们关于每个单个粒子行为的知识理解，但仍不能告诉我们作为一个整体的机械集合的任何行为。进一步说，如果我们可以用一种新方法，能够从对所有部分的规律的了解中来确定整体的规律，我们仍然不能谈及还原。因为，首先，这肯定会引入一个新的质，其次，它是不可逆的：从部分的规律中，我们可以确定整体规律的完整定量知识，但反之则不然。通过达到极限来指示这种方式。超越所有限制的特征量级（位置、速度等）的分布，可以通过概率的计算将其确定为统计规律。因此，也应当预期，动力规律是特殊性的规律，是质的规律，它赋予统计规律以一般性的属性。

92　　"在《资本论》中，马克思首先分析了资产阶级经济中最简单、最普遍、最根本的关系，经历了上百万次商品交换。在这种简单的现象中（资产阶级社会的这个'细胞'中），分析涵盖了当前社会的所有矛盾（或所有矛盾的萌芽）。此外，我们被赋予了这些矛盾、这个社会以及它们每个部分的发展（成长和运动），从头到尾。"这样，按照列宁的观点，辩证法不仅依靠动力规律（如机械论者所持有的那样），也不仅仅依靠统计规律（如那些以形式主义－唯心主义的方式解决问题的人所建议的那样）。辩证唯物主义者将进行调查，不是为了以动力规律取代统计规律，而是为了以内容和形式，特别和一般，偶然和必要，离散和连续等内在矛盾统一的方式理解对象。我们的过程不是"坚持必要性的旧观念"，不是"把与其本身和现实自相矛盾的逻辑结构当作规律强加给自然界"，也不是"把偶然性的混沌王国宣布为有生命的自然界的唯一规律"（恩格斯：《自然辩证法》，英文版），不是做出一个折中的选择，而是"表明达尔文主义理论实际上代表了黑格尔关于必要性和偶然性之间的本质联系的概念的正确性"，表明"单一的划分和对其对立部分的理解是辩证法的本质"，"通过研究科学史来考察辩证法内容的这一方面的正确性时"，我们把"矛盾的同一性"不仅视为"实例的总和"，而且视为"认知规律（和客观世界的规律）"。

　　无论在理论上还是在实践中，规律适用的限度问题都特别重要。列宁认为，"规律的概念仅仅是人类对世界过程的统一与联系，相互依存与统一的理解的一个阶段"，他宣称，特别是在当今的物理学中，"必须进行斗争，反对将规律的想法绝对化和原始化，反对给它一个恋物癖的特征"，即在现象中，规律选择了冷静，因此，每条规律都是局部的、不完整的、近似的，所有这些都涉及动力规律和统计规律，因为一般的每一个例子都形成了个别例子的另一方面。一切都取决于对在给定情况和给定环境下，如何确定一般的局限性，避免完全打破构成现象本质的因素，并且避免落入空洞的抽象。这种节制只能通过研究具体条件及其转变而获得，只能通过实践而获得，对此列宁说："实践高于（理论）知识，因为它不仅区别于一般有效性，而且区别于直接现实。"在统计学（有关一般的规律）中，界限问题经常被遗忘。在列宁青年时期的作品《什么是人民之友》（*Who are the friends of the People*）、《俄国资本主义的发展》（*The development of Capitalism in Russia*）、《农民生活中新的经济变动》（*A New, Economic Movement in Peasant Life*）中；他经常向资产阶级统计学家详细地指出，一般平均值、虚拟平均值的科学价值如何少之又少，统计学如何成为一种数字游戏，例如，

93

贫苦农民的农场被加入雇佣有薪劳动力的农民所拥有的农场和大地主所拥有的农场当中，再除以农民总数等。斯大林在 1929年 4 月发表的演讲中，通过将此思想应用于当时的苏联而发展了这一思想，而当时的条件已经彻底改变了。他说，要处理播种面积的广度问题，"如果不按照不同地区的数据进行校正，平均法就不是一种科学方法。在《资本主义的发展》(*Development of Capitalism*) 中，列宁批评了采用平均法而不提及各地区耕种情况的资产阶级经济学家们。如果我们考虑播种面积的动向，也就是说，如果我们科学地考虑这一问题，我们会发现在某些地区，播种面积正在稳步增长，而在其他地区，通常由于气象条件，则正在下降，尽管没有迹象表明任何地方播种面积在稳步减少。"如果忘记现象的本质，如果形而上地否定特殊，不对特殊进行辩证处理，那么，统计规律就失去了其科学价值。

94　　在动力规律和统计规律的统一性中，最重要的因素在于，无论表现为动力规律，还是表现为统计规律，规律的运动方向都处于自我运动的过程之中。内部矛盾倾向于朝哪个方向发展？要遵循规律的发展方向，我们将其看作一个整体，因为规律的发展方向始终表现为否定之否定，但正如恩格斯在《反杜林论》中所指出的，我们必须具体研究这个否定之否定。

辩证唯物主义者只有从这个立场出发，对不同的科学领域进行调查，才能解决规律的对立因素如何相互融合的问题，而不会冒着"玩一个空洞类比的徒劳游戏，并陷入深奥的黑格尔

主义"的危险，而列宁也曾对此提出过警告。马克思、恩格斯
和列宁提出的每一个否定之否定的绝佳实例，都将成为研究社
会及其意识形态（包括物理学和生物学）之新近发展所提供的
所有新材料的中坚力量。

从最新调查看世界农业起源问题

瓦维洛夫（N. I. Vavilov）教授 [1]

　　农业起源于哪里？它们在不同地区、不同大陆上是不是独立的？如何解释原始农业的地理定位？最早种植的植物有哪些？首先被驯化的动物有哪些？在哪里被驯化？我们在哪里能找到栽培植物的主要来源？现代驯养动物和栽培植物如何与其野生相关品种联系起来？栽培植物和动物的进化是如何进行的？初级农业文明是如何联系在一起的？不同地区的原始农耕者使用了哪些农具？

　　从具体的唯物主义研究的角度来看，所有这些历史问题都非常现实，且对现代农业具有重要意义。与过去的做法相反，当今的研究者面对世界上日益窘迫的经济状况，试图利用过去的经验来改进现有做法。在目前正在建设社会主义和社会主义农业的苏联，我们主要从动态视角关注农业及栽培植物和动物

---

[1]　尼古拉·伊瓦诺维奇·瓦维洛夫（Н. И. Вавилов, 1887-1943），苏联科学院院士，列宁农业科学院院长。

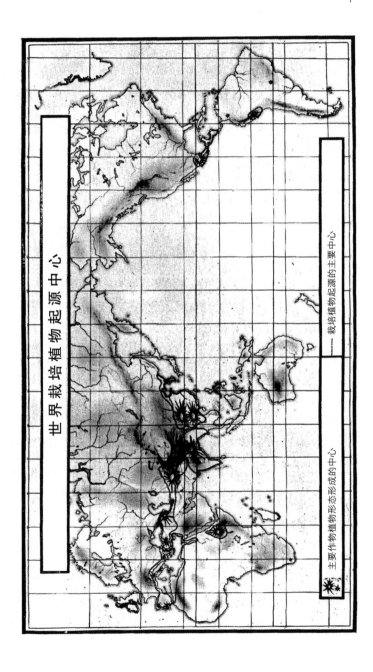

世界栽培植物起源中心

主要作物植物形态形成的中心

栽培植物起源的主要中心

的起源问题。通过对过去的了解，通过研究农业发展的诸要素，通过收集古代农业中心的栽培植物，我们试图掌握历史进程。我们希望知道如何根据时代的要求改进栽培植物和家畜。我们对最早王朝法老坟墓中发现的小麦和大麦兴趣寥寥。对我们来说，建设性的问题，即工程师感兴趣的问题，显得更为紧迫。更重要的是通过了解埃及小麦的起源，进一步了解埃及小麦与其他国家的小麦有何不同，探究这种埃及小麦的哪些特征对于改进我们的小麦是重要的。研究者希望找到创造现代物种和品种的主要元素，即"砖块和砂浆"。我们需要这些知识，以便拥有实际动植物育种的初始材料。而通过研究原始农具的构造，以期为现代机械的构造提供参考。

98　　　简而言之，研究这类农业起源、栽培植物和驯养动物起源的历史问题，对于掌握和控制栽培植物和动物的繁育，是特别有趣的。

　　这些研究结果可能会引起考古学家、历史学家、博物学家、农学家、遗传学家、植物和动物育种学家们的兴趣。因此，我们借此机会，在今天这次专门讨论科学和技术史的国际大会上，提请在座的诸位关注苏联对这一问题的最新主要调查结果。

　　在我们处理与植物育种有关的实际问题的工作过程中，我们探讨了大会议程中世界农业史的一些问题。

　　列宁格勒植物工业研究所（The Institute of Plant Industry in Leningrad）最近正有条不紊地研究全世界的栽培植物。显然，到目前为止，植物学家、农学家和育种者们尚未对世界资源（即使是最重要的栽培植物）进行过系统完整的研究。正如调查结果所示，这些栽培植物的进化中心主要位于古代农业国家。当代欧洲和美国的园艺和农业只知道零碎的细节，而这些细节均源自具有栽培植物多样性的古老农业中心。

我们开始系统地研究世上各类栽培植物。许多特别探险队被派往世界各地，主要是古代山区国家。他们收集了大量关于原始农业方式和技术的材料和新数据。调查涵盖地中海沿岸国家和地区，如摩洛哥、阿尔及利亚、突尼斯、埃及、葡萄牙、西班牙、意大利、希腊、整个小亚细亚、叙利亚、巴勒斯坦、西西里岛、撒丁岛、克里特岛、塞浦路斯岛和罗兹岛。详细调查了阿比西尼亚、厄立特里亚、波斯、阿富汗、中国西部、蒙古、日本、韩国以及印度的一些地区。对外高加索和中亚的古代农业区的研究最为深入。在新大陆中，调查范围涵盖整个墨西哥（包括尤卡坦半岛）、危地马拉、哥伦比亚、秘鲁、玻利维亚和智利。

这些探险队收集了大量的栽培植物标本，多达数十万个，不同的实验站已对这些标本进行了几年的研究。调查阐明了世界物种和变种的地理分布；他们发现了许多迄今为止植物学家、育种家和农学家不知道的标本，而这些标本往往具有宝贵的"实用品质"。他们甚至发现了栽培植物的**新物种**。在秘鲁和玻利维亚，我们的探险队发现了十二种新的土豆品种，但不是已知的一种茄属马铃薯。此外，还发现了小麦的新品种和数以

99

千计的小谷物和其他田间植物和蔬菜植物的新品种。

这些调查证实了栽培植物主要品种的地理位置这一基本事实，这对理解世界农业的历史具有重要意义。这是通过仔细观察得出的结论。事实证明，能够准确定位最重要的栽培植物，如小麦、大麦、水稻、玉米以及许多农田和蔬菜作物的原始生长中心。这促进了大量基本材料的获取，迄今为止这些材料还不为植物学家们所知。

这些研究表明，栽培植物的基本起源中心经常扮演着令人惊讶的多样性品种的积累者角色。在小而原始的农业国阿比西尼亚，整个面积肯定不超过五十万公顷，我们发现的品种比世界上所有其他国家的总和还要多。墨西哥南部的玉米品种极其丰富，那里是这种植物最初的故乡。外高加索是许多欧洲果树的主要产地，那里的野生水果种类繁多，令人震惊。然而，物种多样性本身并不总是决定其成为栽培植物起源的主要中心。因此，有必要研究其野生和栽培的种群、植物迁徙的历史。我们已经详细阐述了差异系统化和植物地理学方法，这些使我们能够准确地确定单一栽培植物的最初产地。

通过对数百种栽培植物的调查，我们成功地明确了主要栽培植物的基本世界中心。其中一些结果可能引起普遍关注。

总的来说，我们的调查认为地球上共有七个基本的、独立的栽培植物起源中心，这些中心同时也是世界农业独立发展的可能焦点。

100　　就我们目前种植的大多数植物而言，主要分布在亚洲。许多栽培植物也都起源于亚洲。在亚洲，我们划分了物种形成的三个基本中心。首先是亚洲西南部，包括小亚细亚、波斯、阿富汗、中亚和印度西北部的内陆地区。这里盛产柔软的小麦、黑麦、亚麻、波斯三叶草、许多欧洲果树（苹果、梨、甜樱桃、石榴、榅桲）、葡萄和许多蔬菜。

《圣经》中将第一乐园"伊甸园"定位在这个地区并非偶然。即使是现在，在外高加索和波斯北部，我们仍然可以看到长满野苹果、梨、甜樱桃、榅桲树和野葡萄的森林——这是完全意义上的天堂。

亚洲的第二个独立的世界中心位于印度本土，包括恒河流域、整个印度半岛以及中南半岛和泰国的相邻部分。这里是世界上最重要的作物——水稻的原产地，而水稻仍然是全球一半人口的主食。在这里，我们仍然可以观察到水稻作为一种野生植物时的最初阶段，也可以观察到它作为田地里的杂草，并观察到它的已发展成的原始栽培形式，这里显示出惊人的多样性。这里也是许多热带栽培植物的产地，包括甘蔗、亚洲棉花、热带果树（如芒果）等。

第三个亚洲中心位于中国东部和中部山区。正如我们所知，中亚尽管地域辽阔，但毫无疑问，与初级农业没有任何关系。无论是蒙古还是中国西部，天山还是西伯利亚，无论是在作物植物的多样性方面，还是在农业技术方面，都没有显示出任何独立农业的痕迹。

相反，在亚洲东部，中国的黄河上游和长江流域孕育了伟大的中国文化，甚至可能也孕育了中国之前的农业。这里生长着许多植物，如罕见的中国卷心菜、萝卜以及许多在欧洲鲜为人知的奇特的中国作物。这是柑橘类植物、枣子、柿子、桃子、中国李子还有茶树、桑树以及许多热带和亚热带植物的原产地。

101   这个国家的农业技术非常独特。土地耕种主要依靠人工，而很少使用家畜。蔬菜作物的集约化种植广泛传播。中国的降雨受季风影响。主要农业区拥有充足的水分供应。至于日本，我们的调查显示，这里的作物和技术都是从中国大陆传入的。菲律宾和马来群岛也是如此。

与中国和日本相反，亚洲西南部（第一个中心）的特点是广泛使用农耕动物——牛、马、骆驼和骡子。农具的多样性也特别值得注意。

在欧洲，初级农业肯定仅限于南方。第四个世界中心包括毗邻地中海的古代国家和地区，包括比利牛斯山脉、亚平宁和巴尔干半岛，小亚细亚沿岸、埃及以及现代摩洛哥、阿尔及利亚、突尼斯、叙利亚和巴勒斯坦。

尽管地中海中心具有重要的历史和文化意义，它孕育了伟大的古代文明——埃及文明、伊特鲁里亚文明、爱琴海文明和古希伯来文明——但根据对其品种多样性的调查，该中心几乎没有土生土长的重要作物。这里的古代农业以橄榄树、角豆树和无花果树为主。大多数大田作物，如小麦、大麦和豌豆，显然都是从其他中心传入的。这里作物的品种多样性比相应作物的主要中心要差得多。只有一系列牧草类植物起源于地中海地区，如姜花、野豌豆等饲料，西芹、大铁草、亚历山大三叶草等草料。

在这里，得益于温和的气候和高文化水平的人口，栽培植物经过了精心培育。与远离地中海地区的相应作物相比，地中海地区的谷物、豆科作物、亚麻、蔬菜等品种具有果实、种子、球茎的尺寸非常大且品质优良的特点。

地中海原始农业以特殊类型的耕种工具和收割工具为特征，例如罗马犁、嵌有锋利石头的谷物脱粒板和石碾。而中国、印度和亚洲西南的广大区域都不熟悉这类工具。

第五个世界中心位于多山的东非，主要位于阿比西尼亚山区。这个小中心相当奇特，其特点是少数独立的重要栽培植物表现出非凡的多样形式。在这里，就小麦、大麦，也许还有高粱的品种而言，我们发现了世界上最大的多样性。这里是阿比西尼亚（埃塞俄比亚的旧称）最重要的谷物——苔麸等植物（如阿比西尼亚画眉草）的原产地；是阿比西尼亚这个国家的原始含油植物小葵子（Noug-Guizotia abyssinica）的原产地。当地亚麻以其小种子而著称。与古代地中海国家和西南亚不同，它在阿比西尼亚种植，只是为了将它磨成面粉充饥。原始的埃塞俄比亚尚不知种植亚麻可以获取油和纤维。阿比西尼亚是咖啡植物以及用于酿造的大麦的原产地。

虽然没有发现任何证明阿比西尼亚中心古老特征的考古物（除了最近在阿比西尼亚南部发现的古代生殖崇拜文化），根据

102

栽培植物的多样性和特殊品质，以及农业技术（在阿比西尼亚，锄耕在一定程度上仍然存在）可以肯定，这个中心无疑是独立且非常古老的。我们深信，埃及在很大程度上从阿比西尼亚引入了其作物。所有关于栽培植物多样性、家畜种类、农业人口生活方式和原始食物的比较数据，都意味着阿比西尼亚中心的自主性。语言学的资料进一步证明了上述结论。

过去五年，在苏联探险队调查的新大陆中，区分出了两个主要的中心：包括中美洲部分地区在内的南墨西哥中心和包括玻利维亚在内的秘鲁中心。其中，前者更为重要。它出产玉米、高地棉花、可可、龙舌兰纤维、麝香南瓜、多花豆、普通豆、佛手瓜、木瓜和许多次要的本地作物。

秘鲁和玻利维亚是马铃薯、金鸡纳树、古柯木和一系列次级作物的家园。这里的软质谷物品种繁多。在这里，软质型玉米的异常多态性基团已经分化。

南美洲和中美洲的其他地区虽然产生了一些作物，但对世界农业史没有决定性意义。

103　　新大陆的农业中心完全独立于旧世界的农业中心而存在，北美和南美独特的栽培植物群证明了这一事实。玛雅和印加的古代文明不知道铁的用途，也不了解犁。在秘鲁的高山地区被称为"足犁"的，其实只不过是铁锹。墨西哥和秘鲁都没有用于农业的家畜。在秘鲁驯化的骆驼、羊驼和豚鼠，后两者是为了食用和取毛而饲养，只有前者是作为驮畜。

这就是世界的七个主要中心，它们催生了整个世界的农业。从所附地图（137页）可以看出，这些中心占据的领土非常有限。根据我们的估计，墨西哥在北美的中心约占整个广袤大陆领土的1/40。秘鲁中部在整个南美洲也只占据了大约相同的领土。

旧世界的大多数中心也是同样情况。农具类型的分化对应于栽培植物原产地中心的分化。在多山的东非，以及整个原始非洲，甚至在今天也可以观察到用锄头耕种土地。正如扎瓦隆科夫（B. N. Zhavaronkov）在世界范围内的耕地农业的调查所表明的那样，阿比西尼亚、中国、西南亚和地中海国家的犁属于不同类型。

主要农业中心的地理位置相当特殊。所有七个中心都主要限于热带和亚热带山区。新大陆的中心仅限于热带安第斯山脉，旧世界的中心仅限于喜马拉雅山、兴都库什山脉、非洲山区、地中海国家的山区以及多山的中国。

毕竟，地球上只有一小片干燥的陆地在世界农业史上发挥了重要作用。

从辩证法的角度来看，根据最近的调查，伟大的原始农业在地理上集中于这个有限的地区就变得可以理解了。热带和亚热带为物种起源过程的展开提供了最佳条件。在热带地区，野生植物显示出最大的物种多样性。这在北美尤其明显，在那里，南墨西哥和中美洲占据了相对微不足道的面积，包含的植物物种却比加拿大、阿拉斯加和美国（包括加利福尼亚）的整个广阔土地加起来还要多。哥斯达黎加共和国和萨尔瓦多共和国，在它们所占据的领土意义上来说十分渺小，然而，它们供应的物种数量与其领土大小的 100 倍的美国所供应的是相同的。物种起源的强大过程在地理上主要局限于新大陆潮湿的热带地区。

104 　　在旧世界也可以观察到同样的情况。地中海国家的物种非常丰富。巴尔干半岛、小亚细亚、波斯、叙利亚、巴勒斯坦、阿尔及利亚、摩洛哥的植物群以物种繁多（平均 4000—6000 种）而著称，在这方面超过了北欧和中欧。印度的物种不少于 14500 种。中国中部和东部的植物群表现出非凡的多样性。虽然中国这部分最有趣的区域所显示的物种数量尚不完全清楚，但至少也有数千种之多。

　　阿比西尼亚拥有丰富的本土植物，其物种数量一般。因此，该物种的地理位置和栽培植物的起源形式，在相当程度上与世界植物群所显示的物种起源一般过程的位置相吻合。

　　毋庸置疑，山地形成过程无疑在植被分化过程中发挥了重要作用，促进了物种分化过程。隔离物种和属的传播的山地屏障，对于不同形式的物种和整个物种非常重要。山区发现的各种气候和土壤成为栽培植物起源的主要中心，促进了这些植物物种之间以及物种组成内部多样性的发展。另一方面，在之前的地质时代覆盖北欧、北美和西伯利亚的冰川已经摧毁了整个植物群。

　　如果说潮湿的亚热带主要有利于树木的发展，那么，原始农业所处的热带和亚热带山区的特点就是草本物种的发展，它们是地球上绝大多数最重要的植物。

热带和亚热带山区为人类定居提供了最佳条件。原始人害怕（人类至今仍害怕）潮湿的热带地区，广阔的亚热带地区及其高度肥沃的土壤占据了整个地球陆地的三分之一，那里有茂密的植被，热带疾病发病率也高。为此，住民不断转移到热带森林的边境。热带和亚热带山区为第一批定居者提供了最有利的温暖条件和丰富的食物。在中美洲和墨西哥，人类至今仍利用大量野生植物。将栽培植物与其相应的野生植物区分开来并不总是那么容易。

山岳地势有利于小群体的生活；人类社会的发展正是在这 105个阶段开始的。毫无疑问，只有团结成大群体，人类才能征服尼罗河下游和中部、幼发拉底河、底格里斯河和印度河的广阔盆地，而这只能在人类社会发展的后期阶段才能实现。

原始人类，原始的农民，曾经生活并且至今仍继续生活在微不足道的、孤立的群体中，对他们来说，多山的热带和亚热带地区提供了异常有利的条件。

与考古学家的普遍观点相反，我们对古代农业的调查使我们得出结论，原始农业没有得到灌溉。分析埃及、美索不达米亚、秘鲁灌溉地区（海拔高达 3353 米）的栽培植物所显示的多样性表明，这些国家的栽培植物是从其他地方引入的。阿比西尼亚、多山的墨西哥和中美洲、高山的秘鲁（海拔 3353 米以上）、中国、印度和地中海国家中大多数无可争议的最古老栽培植物都没有被灌溉。

考虑到对立因素的相互作用，并根据可以通过直接研究进行验证的具体事实进行推断，我们已经能够确定原始农业的确切地理位置，并确定这种本地化的基本特征。

显然，这些基于植物不同属和种的文化是自主存在的，无论是同时期还是在不同时期，人们必须至少谈论七种主要的文化，或者更确切地说，是文化群体。它们对应着完全不同的民族学和语言群体。它们的特点是不同类型的农具和家畜。

这种对农业最初中心的了解，揭示了整个人类的历史和一般文化的历史。

我们的调查表明，在栽培植物向北和进入高山地区的传播过程中，主要作物有时被伴随的杂草所取代，而后者对农民具有一定的价值。

因此，当冬小麦从其主要起源中心——西南亚迁移到北方时，在亚洲和欧洲的一系列地区被更耐寒的杂草冬黑麦所取代。同样，大麦和双粒小麦被燕麦——一种对土壤和气候要求不那么严格的杂草——所取代。亚麻在欧洲不时被杂草亚麻荠取代，在亚洲被芝麻菜取代等。

因此，由于自然选择，一系列栽培植物的起源都独立于人类的意志。在研究杂草型黑麦——与东南亚的小麦混杂——时，我们发现其形式的显著多样性，而种植欧洲黑麦的农民对此一无所知。

在作物向北传播期间，其连续性的一系列规律被确定了下来。

我们在这里提供的只是我们集体调查的一个摘要。它们使我们掌握了世界的物种资源，理解了栽培植物的进化，并解决了有关主要农业的自主性及其相互关系问题。很自然，新大陆的中心应该比欧亚大陆的中心更紧密地联系在一起。西南亚中心特别靠近阿比西尼亚中心。一个催生了软质小麦，另一个则催生了硬质品种。

这些数据是理解人类社会进化第一阶段的物质先决条件。很自然，人类第一次定居的主要因素之一应该是天然食物资源的分配。

栽培植物及其野生亲缘植物的主要地理相关的数据符合我们目前对原始人类进化的认识。西南亚和多山的东非显然是人类农业社会诞生的原始地区。在这里，我们观察到农业发展所必需的主要因素的集合。

这就是借助现代调查方法对农业起源问题的研究。从辩证唯物主义的立场出发来看待这个问题，将引导我们修正许多旧观念，从根本上说，我们将获得控制历史进程的可能性，即按照我们的意志指导植物的栽培和家畜的进化。

法拉第的工作与电能应用的当代发展 [①]

米特克维奇（W. Th. Mitkewich）[②]

　　1. 科学史经常呈现出科研成果与其实际应用之间的密切关系。换言之，我们可以明确宣称科学与技术之间的联系，并承认它们的内在统一性。在这方面，当代电子技术的产生和发展是一个极其突出的例子。法拉第（Faraday）的科学发现，极大地促进了实际生活中电能的使用。

　　百年以前，法拉第发现了电流的电磁感应现象。凭借超人的直觉能力，他可以洞悉事物的本质，并立即正确而清晰地理解围绕着电磁现象的现实世界中所发生的一切。电磁感应现象使人类可以用最简便的方法把机械功转化为电能，并轻松、快捷地输送到远处，还可以实现许多其他有用的转化。因此，我

---

① 1932年，苏联的国立技术理论出版社将米特克维奇在1931年伦敦国际科学技术史大会的报告《法拉第的工作与电能应用的当代发展》以单行本的形式出版发行。单行本还另收录了《法拉第在与其一般物理观相关的电磁感应领域的研究》一文。该文为1931年11月22日米特克维奇在苏联科学院纪念发现电磁感应100周年大会的发言。——译者注

② 弗拉基米尔·费多尔维奇·米特克维奇（В. Ф. Миткевич, 1872-1951），电气工程师，苏联科学院院士。——译者注

们可以说，法拉第的发现成了迄今为止所有电气工程和电力应用的基础。当然，很明显，基于法拉第科学工作所产生的新思想的发展、电磁机械的建造，以及其他在实际应用中体现这些思想的设备的建造，使许多其他物理学家和发明家在这个伟大领域中的工作生动地呈现出来。[①]但不可否认，法拉第是这门应用科学的真正创始者。那些继承法拉第事业，从事理论工作和实践工作的全部科学战士，始终且无一例外地受到这位伟大天才的鼓舞和支持。

2. 指导法拉第的研究并促成他发现电磁感应的基本思想是电现象和磁现象之间必然存在某种密切联系。他拥有一种直觉的思维倾向，使他能够探究现象之间的关系[②]。早在这两个学说作为自然哲学的原理得到明确阐述之前，他就已经确信了力的相互关系和能量守恒，他似乎从来没有在不考虑必要和适当的反作用的情况下去看待一个行动。在没有发现相反的关系时，他似乎从不认为哪种物理联系是完整的，他本能地寻找这种相反的关系，如同在铜线圈和铁芯中寻找一样。假如电流流经其一，它会在另一个那里引起磁力。反之如何呢？法拉第从各个角度寻找这个问题的解决方案，并不断改变他的实验，朝着"将

110

---

① 俄文表述：基于法拉第成就而产生的新科学技术思想的**发展**，多种电磁机械，以及其他在实际应用中体现这些成就的仪器的**建构**，吸引了许多其他物理学家和数量庞大的各阶级发明家进入这个广阔的领域。（着重号为原文所加）——译者注

② 俄文表述：他拥有独特的心智和敏锐力，在探寻自然现象之间关系的正确阐释时，为他提示恰当的方向。——译者注

磁转化为电"目标的迈进。终于，在 1831 年秋天解决了这一问题。他通过电磁感应成功地产生了电流！从一开始，他就在这一现象中看到了磁通量的特性。有必要声明，磁通量的概念本身完全属于法拉第本人。确切地说，我们必须承认法拉第是磁通量物理特性学说的创始人[①]。其他物理学家也看到了一些作用力点是由力从远距离作用的。但法拉第用他的心灵之眼看到了穿越所有空间的物理的力线。法拉第的观点，从一些人曾经使用且仍在继续使用的数学假定中，引导我们与实际发生的事情有了更密切的联系。法拉第给出的实验方法，使我们能够在真正意义上将看不见的磁通量视为真实的东西。法拉第是第一个触及真正存在的磁通量的人，磁通量在电流的所有表现形式中都具有首要地位；它承载着所有电能；并且在电能的所有应用中都意义重大。法拉第是第一个意识到我们常用的电流概念不充分、完全片面，甚至错误的人，由于纯粹的历史原因，这些概念与电流的运动过程联系在了一起。他将科学研究指向载有电流的导体周围的空间，即电流能量所在的空间。

在分析磁通量在所有电磁现象中的具体重要性时，法拉第的思想有种独一无二的穿透事物本质的能力，特别是在分析电流通过导体——我们称之为电磁复合体时。法拉第的思想越来越被这个想法所占据，它完全支配了他的思想，直至科学活动结束。事实上，从《电学实验研究》（*Experimental Researches*

---

① 俄文表述为：真正创造者。——译者注

in Electricity）第十九卷开始，法拉第的所有后期作品几乎全部致力于这些问题。克拉克·麦克斯韦，法拉第思想的伟大诠释者，在电磁现象中使用了大量来自这一分析的材料。但毫无疑问，法拉第的许多科学成就尚未得到充分的理解和重视。他的《电学实验研究》仍然是一本令人百思不解的天书。对于那些过度使用纯粹形式化研究方法的人而言，他们在某种程度上无法理解用简单语言表达思想的人。法拉第为我们做出了物理学思维的最高典范。他是一位真正的自然哲学家①。每一次偏离法拉第研究和分析物理现象的方法都会导致恶果。现代物理学危机的根源在很大程度上应该朝着这个方向去寻找。

3. 我们刚刚谈到的法拉第对物理现象的非形式化方法，是他在电磁感应方面的发现取得富有成效的实际成果的内在原因。法拉第本人确立了电磁感应的基本规律。与此同时，物理概念在很大程度上符合其真正本质，他制定的概念作为理解这一现象的基础——为他的发现的实际应用开辟了一条捷径。

法拉第的实验条件非常简单，一般来说，并没有超出纯实验室研究的范围。然而，我们在这里见到了当今电气装置的所有主要元素。或许这种说法会显得有些夸张，而且不太真实。但是，事实上，这是完全正确的，当我们不带偏见地分析法拉第的工作时，它就变得完全清楚了。

法拉第称，当导体穿过磁力线时，导体中会产生一种趋势

① 俄文表述为：他是一位真正意义上的"物理学家－思想家"。——译者注

（电动势），如果导体形成某个闭合电路的一部分，就会产生电流。他研究了几种装置，从中认识到通过这些方法可以产生一种方向交互变化的电流。在其他情况下，通过应用在磁极之间旋转的铜盘，他获得了恒定的电流。我们可以而且必须将所有这些装置视为现代电动机械的原型。即使像发电机换向器这样重要的部件，也可以在他的旋转盘实验中看到初级形态，转盘边缘带有滑动电刷，可以从通过电刷的径向元件中连续地导出电流。

在法拉第的实验中，铁环有两个独立的线圈，其中一个（原线圈）与电池交替连接或断开，另一个（副线圈）通过足够长的导体与检流计连接，这是现代交流变压器的原型，是任何输配电系统中最重要的部分。

将发电机连接到检流计或其他法拉第在实验中使用的电能接收器的导体，是现代电力传输线的原型。

法拉第使用的检流计，或轻轻接触的木炭点之间的微小火花，是现代电能接收器的原型。我们可以在检流计中找到将电能转化为运动的最简单的电磁装置。它执行着与任何现代电动机相同的功能，只不过后者以更完善地方式不间断运行。我们可以在法拉第的实验中看到这种具有恒定旋转运动的电动机的原型，在实验中，他发现电路中的一根金属丝，安装时使其下端悬挂在水银池中，可以绕磁铁的磁极旋转；相反，如果金属丝固定且磁铁的磁极可以自由移动，则后者将围绕前者旋转。

电照明实际应用的第一步也应该与法拉第的名字联系起来。为解决各种问题他在航务管理所担任了多年永久[1]顾问，特别是有关永磁电机对灯泡的供电问题。多年来，他一直是领港公会（Trinity House）的常驻顾问，解决各种各样的问题，特别是有关磁电式电机对灯泡的供电问题。用含有螺旋铂丝的白炽灯作为电气照明设备的想法应归功于法拉第。

由此，我们看到法拉第在电磁现象领域的工作是何等重要，以及他对电能应用的现代发展做出了多么巨大的贡献。

4. 总而言之，阅读克拉克·麦克斯韦在《大英百科全书》（*Encyclopedia Britannica*）中关于法拉第文章中的以下段落非常有趣，该文极好地总结了这个问题：

> 法拉第成就的重要性和独创性可以通过追溯其发现的后续历史来评估。正如人们所预料的那样，它立即成为整个科学界研究的主题，但一些最有经验的物理学家无法避免错误地用他们认为比法拉第更科学的语言来陈述他们眼前的现象。迄今为止，那些拒绝法拉第，认为他的定律表述不及他们的学科精确的数学家们，从来没有成功地设计出任何本质上不同的公式来充分表达现象，而不引入关于没有物理存在的事物的相互作用的假设，例如电流从无中产生，流经电线，最后又归于无。

---

[1] 俄文表述中没有"永久"二字。

　　经过近半个世纪的努力，我们可以说，虽然法拉第发现的实际应用越来越多，而且数量和价值逐年增加，但法拉第给出的这些定律的表述没有例外，没有新的定律被添加进来，法拉第的原始陈述至今仍是唯一一个断言不超过实验验证的陈述，是唯一一个可以用精确的和数字上准确的方式表达现象的理论，同时也是在基本阐述方法范围内表达的理论。

电气化：苏联技术改造的基础

鲁宾斯坦（M. Rubinstein）

苏联已制订了四年内全面完成五年计划的任务，甚至一些 核心经济部门需要在三年内完成五年计划。

即，在 1932 年前，必须全面实现五年计划，一些部门还要超前完成计划指标。

当前，我们苏联面临的首要任务是尽快完成第二个五年计划的远景目标规划的起草。该计划要在实现农业集体化和充分解决"技术和经济上赶超发达资本主义国家"问题的基础上，制定出发展生产领域中的社会主义关系的路线方针，重点解决技术改造的问题，并关注斯大林提出的"用不超过十年的时间缩短我们和发达资本主义国家之间的差距"的目标。

基于过去十年空前的发展经验，苏联目前正以极大的规模，以远比我们经济重建初期更为现实而具体的方式解决这一问题。

在技术改造方面，新计划从**根本上**以全世界（首先是美国）资本主义技术的现代成就为考量，同时审度其进一步发展的清晰可辨的趋势，并与社会主义生产条件的充分发展相结合。

正如列宁一再强调的那样，我们必须"把科学和资本主义技术的最新成就同创造社会主义大生产的自觉工作者大规模的联合联结在一起"。这一要求确保了在最短的时间内（至多十年）赶超发达资本主义国家的技术和经济发展水平这一目标实现的可能性，同时也使迄今为止的劳动者物质福利水平超过发达资本主义国家。这些主要是由于，与资本主义相比，统一的社会主义计划的优越性及私有制弊端的消除等为更加完全、普遍和广泛地利用资本主义技术成果提供了可能。

116　　去年我们已经看到，苏联的农场和"农机站"如何使得拖拉机得到了比美国的农民，甚至比大型农业公司更为完善与合理的利用。

依我们目前所见，苏联的发电站虽然设备相对落后，但其平均负荷和有效运行系数远高于资本主义国家。

主要是因为在社会主义计划的基础上，技术上的联合加强了工业部门之间的有效的紧密联系，形成强大的新型工业联合企业（如乌拉尔－库兹涅茨克 [Ural-Kuznetsk] 工业联合企业 ①等），此类事实也呈现逐年增加的趋势。远景规划的任务是调查并最大限度地利用这些资本主义所没有的优势。

当然，这一切并不意味着苏联仅仅满足于照搬资本主义国

---

① 斯大林的第一个五年计划中，乌拉尔－库兹涅茨克工业联合企业成立于1930年代初期。后来，这里成了生产的中心，铁和钢、锌、铝，机械和化学制品，以及原材料和工业品往返于库兹巴斯和乌拉尔的站点。——译者注

家的技术。

现在我们已经可以看到，例如，在农业领域，为小规模的资本主义农场设计的机械、工具和方法不能满足大规模社会主义农业的要求，所以我们必须致力于创造全新的农业机械。许多其他部门的新建也是同样的情况。

因此，苏联在依靠现代技术最新成就的同时，在拟订远景目标规划时，必须充分考虑到需有意识地计划和指导技术进步，以及大规模地给机械发明家和设计者指派"社会指令"的可能性与必要性。

在现代技术发展的趋势下，这一问题已经变得十分现实。新的社会主义技术应该建立在生产过程彻底电气化、生产的最大机械化和自动化以及劳动类型和个体劳动者作用彻底变革的基础之上。

在远景规划中，技术改造的另一项基本原则是在所有经济部门中强调大规模生产，尤其是生产资料的大规模生产。

大规模生产及其所有特殊的技术特征是资本主义发展到最后阶段的产物。但一方面，它仅仅存在于少数国家（主要是美国），另一方面，仅仅存在于少数生产部门（汽车、缝纫机、电灯等）。

即便是在美国，大规模生产也尚未在很大程度上扩展到生产资料、机器以及工具等的生产之中。而且，现代资本主义条件还不断为发展和进一步应用大规模生产方式设置新的障碍，甚至在使用这些方法的部门中，资本主义也经常把优势变为劣

117

势。生产过剩、市场饱和、经济萧条和经济危机已经成为大规模生产的最大障碍。苏联则不仅不存在这些障碍，而且不可能存在任何生产过剩、危机和失业。广大劳动者的需求空前提升，各种商品生产的需求稳步增长。大范围的工业建设和大规模农业技术改造的开始推动了在器具、金属、动力、化工生产等更多领域实行大规模生产，首先强调最大限度地标准化和零件的互换性，要求工厂（"半制造工厂"）之间进行专门化分工与合作，并在众多工业部门之间采用生产的输送机系统。

远景规划中基础性、指导性以及普遍性的原则无疑是**全国的电气化规划**。

十年前，列宁起草的苏联第一份电气化计划指出：

> 社会主义的唯一的物质基础，就是同时也能改造农业的大机器工业。但是不能局限于这个一般的原理。必须把这一原理具体化。适合最新技术水平并能改造农业的大工业就是全国电气化。[①]

电气化问题

自俄罗斯国家电气化委员会计划（GOELRO），即"全俄电

---

① 译文引自列宁：《列宁选集》第四卷，北京：人民出版社，1972年，第549页。——译者注

气化计划"获批准以来，已过去十年了，计划制订的基本经济指标早已超额实现。本年度，除少数落后部门（特别是交通电气化方面），规划的电力基础建设得到了很大的提升。

现在我们面临的问题是如何制定新的电气化计划的远景规划，它将是整个苏联国民经济发展总体计划，也就是发达社会主义计划的基础性和决定性部分。

近十年来，我国的社会与经济发生了伟大而深刻的变革。

我国社会主义经济各部门都呈现出稳步上升的发展壮大态势。

去年，社会主义生产关系已对大部分农业产生影响，并使之步入总体经济计划的轨道之内，为农业生产方法的伟大技术变革奠定了基础。社会主义经济基础的完成，将更加明确、切实且清楚地为广大人民群众勾勒出社会主义社会全面发展的轮廓。

所有这些变革都可以在新的电气化计划远景规划中反映出来。

另一方面，近十年来，技术领域，尤其是电力和电气化技术发生了巨大变革。

技术进步的脚步一天都不曾停止；它不仅是前进，而且是跨越，尽管由于日益腐朽的资本主义，导致了技术发展障碍重重。在某种程度上，这些技术上的成就加深了现代资本主义的不稳定性。正如列宁所指出的那样："与技术空前快速增长相伴的是不同经济部门的发展更加不均衡，由此带来了混乱和危机。"

另一方面，技术的这些成就表明，在消除资本主义障碍以后，技术可以更强有力地，甚至有计划地、广泛地、普遍地为生产力的发展所利用。

不言而喻，电气化计划的远景规划还必须把过去十年间已有的技术变革考虑进去，并把它们结合到未来发展的方案中去。

电气化领域的这些变革的基本趋势是什么？它们为苏联的计划电力生产开启了怎样的可能性？

方便起见，我们可以从三个基本方面考察相关变化，而这三方面也相互联系，即 1. 电力的产出；2. 电流的传输；3. 各经济部门对电力的使用。这种对整个国民经济的细分与马克思对机器的细分相一致，即 1. 发动机；2. 传输装置；3. 工作机。

电气化的充分发展（只有在社会主义的条件下才有可能）使得整个国民经济变成一种类似机器的统一系统，这与全国电力的集中和社会主义国家的统一计划原则密切相关。

现基于上述三点，对近十年来电气化领域发生的变革及其本质特征进行考察。

一

在未来几年内，电力产出的基本来源无疑仍将是固体燃料，主要是煤，其次是褐煤、泥炭、页岩等。近十年来，燃烧燃料方法的改进所带来的巨大变革值得我们关注。

1920 年，即"全俄电气化计划"起草之时，美国的煤粉消耗方法已经通过试验阶段，开始了一定规模的推广。近十年来，新方法在全球最大的电力国家迅速占据了主导地位。

近十年间，在各种燃煤机械设备的建造方面，在与新竞争对手的斗争中，我们取得了长足的进步。根据1928年美国的一项调查的数据可了解美国燃料消耗过程的机械化程度，该调查涵盖了98%的装有锅炉装置的工厂。

根据调查数据显示，燃料消耗比例如下：

煤粉	17%
火上加煤机	49%
下给加煤机	3%
链式炉加煤机	28.7%
人力加煤	2.3%
总计	100%

由此可见，人力加煤仅占全部燃煤量的2.3%（大部分存在于小的、分散的工厂内），而97.7%的燃煤都是借助这样那样的机械设备完成的。

在大型现代化发电站里，司炉工正在成为过去式，消失在 120 历史浪潮中，象征着技术发展的其中一个特殊时期的终结。

这些燃料燃烧方法的实际变革还有一个典型特征。由于辐射带来了热的巨大损失，到了大约1923年，煤粉和各种各样的机械加煤机的利用似乎已经达到了发展的极限。就在此时，一种所谓的水壁熔炉被引入使用，它几乎完全解决了热辐射的问题，并在相同受热面的情况下极大地提高了锅炉的生产能力（炉壁受到保护，锅炉也就受到了保护，锅炉变成了一种蒸汽发生器）。

作为副产品，这一变革还有一个不容忽视的后果。现代煤炉内的温度太高，以至于最优等的耐火砖也无法承受这种热量。在三十年前传统工艺条件下，砖质的炉壁可以工作一万两千小时，而 1920 年平均工作时间却不足六千到八千小时。除了由此带来的巨大麻烦和熔炉工作中断以外，砖壁的维修费用成了一笔重要的开支。水冷金属炉壁的引入立即解决了这一问题，使得熔炉可以工作五万小时而几乎无需维修。

蒸汽发电站的另一项重要技术变革是高压蒸汽的迅速普及。在美国，锅炉的蒸汽压强为 100 及以上是相当正常的。一些德国工厂使用的压力甚至更高（高达 225 个大气压）。冶金业的发展使得这一变革成为可能，它开始制造出一些可以承受这种压强和温度的材料。但由于获得更耐用的金属化合物受阻，相关发展受限。

近十年的实践最终证明，高温和高压使得锅炉设备的生产能力显著提高。

尽管设备更加复杂，但新的锅炉设备使得每单位产品（蒸汽）的投资成本大幅减少。此外，高压为热电联合传输体系的广泛发展开辟了道路。近几年的发展在很多情况下使得提高发电站的有效运行系数成为可能。

121　近十年来的所有这些变革都伴随着**锅炉生产能力的巨大增**

长。美国的有些巨型锅炉每小时能够生产高达一百二十万磅的蒸汽。这种熔炉燃烧几吨煤的时间在 20 世纪早期仅能消耗几桶煤（例如，匹兹堡新型发电站的一台熔炉每小时消耗22 吨煤，而整个锅炉站拥有六万千瓦生产能力，仅由三名工人操作）。

蒸汽涡轮机的扩建与锅炉的大型化趋势齐头并进，形成了一股安装发电站的潮流，**一台涡轮机只配备一台大型锅炉**。只有所有电力设备的可靠性极大增长，从而能够削减备用锅炉，这一成果才可能实现。

所有这些变革都密切相连。没有机械添加燃料，硕大无比的锅炉就没法工作，因为即便全体消防大军手持铁铲也无法应付它们。另一方面，如果不能将高温高压应用于现代涡轮机，也是毫无用处的。

122

关于这一点，必须特别指出，近十年来，蒸汽涡轮机的建造取得了巨大的技术进步。但可以说直到最近涡轮机的建造才取得重大的革命性进展。现代涡轮机是无数细小改进积累的结果，是单个部件生产能力稳步增长的结果，如此等等，这些使得现代涡轮机完全不同于它十年前的前身。

可以毫不夸张地说，蒸汽涡轮机在十年或二十年期间不仅完全掌控了发电站的蒸汽设备，而且比蒸汽机从瓦特时代到现今取得的进步还要大。

更重要的是发电机的发展。正如美国的一份杂志指出，人们大肆谈论着涡轮式发电机生产能力的局限，然而我们实在看不出存在这些局限。

近十年来，通过增加单个环节的能力，涡轮式发电机的生产能力已经得到了迅速的提升，目前芝加哥已经有一家发电站的涡轮式发电机达到了二十万零八千马力，是"世界上最庞大、最高产的机器。"

正如前面所指出的，所有这些变化有机地相互联系连接在一起，使得发电站的发电量逾越五十万千瓦（且目前正在修建一座发电量达一百万千瓦的发电站），生产能力之高使得它们成为整个工业区经济生活的焦点。

这里，我们无法详述其他类型发动机的发展（内燃机和柴油发动机的发展在技术变革的单独章节讲述），也无法详述这一领域对全新方法的单个尝试。

让我们举几个例子：

1. 水银涡轮机，它曾经在康涅狄格州的一所发电站成功地运行了数年。

2. 德国瓦格纳轻质涡轮机，由轻质金属制成并结合了许多其他改进。它每马力重量约为2公斤，比普通涡轮机轻三十倍，并且所占空间也大大减少，是特别适用于运输系统（尤其是船舶）的发动机。

3. 首次在涡轮机中尝试使用内燃过程，等等。

近十年来，技术进步一直沿着热能转化为电能的基本方向，研究也一直从属于这一方向，表明整个技术领域处于持续变化和发展之中，显示出前所未有的活力。

与这种集中的动力产出过程相关，应注意与日俱增的**机械化和近乎全自动控制**的趋势。对为整个地区提供能量的强大设备组实行近乎完全的自动化控制已经成为一项十分现实的问题，成为现代技术的一种实用口号。在两年前的美国，六名工人一班就可以控制一所大型发电站，这些工人的职责差不多只是监控自动记录仪和维修。随后自动化的发展更进一步。

自动化控制的发展趋势甚至更适用于水力发电站。近几年，美国和加拿大（特别是在后者的边远地区），一些中小型水力发电站都配备了全自动或远程控制设备。前者，根据对电流的需求，自动执行装置的启动、同步和停止，后者由距离工厂较远（有时是几千米开外）的员工控制，并通过信号查看设备各部分的功能。

对电力产出领域的一些基本技术变革的粗略考察展示出123近十年来这一领域取得的巨大成就。这些成就使得人们可以用更少的人类劳动支出，来获得由天然能源的最完美、最温顺形式——电能所提供的动力。

正如我们看到的，资本主义不但不能利用这些潜能，而且某种程度上还害怕它的发展。由于现代资本主义对立的影响，技术的发展进程非常不均衡且具有间歇性，继而创造出更多新的对立。这些成就多少还是一种个别现象，还有大量陈旧设备、依靠人工维持的落后发电站得到垄断资本家的扶持。

苏联无论在电流的绝对产量上还是在人均消费量上，都把主要资本主义国家远远甩在后面。

不仅电气化发展速度比美国最好时期快几倍，苏联每年电力设备增长的绝对值也开始接近美国，并赶超欧洲国家。

1931 年，地方发电站新设备的总生产能力将达到大约一百万千瓦（一年内增长了80%），在绝对值上是（1928 年）德国或英国生产能力的两倍，至于增长率则高出十多倍。

1929 年至 1930 年，苏联发电站总共运行了 3670 个小时，按照每年的运行时数计算，其利用率为 42%，而美国为 35.8%，意大利为 29.9%，德国为 25.6%，英国为 20.5%，法国为 20%。结果是，例如，英国新增一百万千瓦生产能力可为国家出产能流 17 亿千瓦时，而苏联则不少于 60 亿千瓦时。没有资本主义的阻碍，加上政府在全国坚定推行电气化政策使我们有理由相信，苏联将会比任何资本主义国家更充分和广泛地利用上述所有电力生产方面的技术。

124　　为此，必须首先对天然能源展开广泛的科学研究并组织适当的勘探。目前我们探明的尚不足一小部分。我国的煤田数量和储量，尤其是库兹涅茨克煤田，正在逐年增长。最近在哈萨克斯坦（Kazakstan）的卡拉干达地区（Karaganda）发现了储量丰富、炼焦能力极佳的煤炭。而在西伯利亚（Siberia）北部的大型煤田几乎完全没有勘探。

莫斯科地区的褐煤恰好位于首都附近，革命前人们一直认为它毫无价值。现在我们知道它是电力生产和化工的重要原料，是大型工业联合企业和远距离供气的基础。此类几乎完全未探明的褐煤田还有很多。苏联的泥煤储量无以计数。然而，只有泥煤开采（包括预备工作）的完全机械化并且开采与燃烧的机械化方法得以推广，这种燃料才能成为众多地区的基本能源。

伏尔加河中游和列宁格勒地区的油页岩既是化学工业的廉价燃料，又是一种宝贵的原料。

到目前为止，我国石油的出产地仅限于五六个地区（巴库 [Baku]、格罗兹尼 [Grozny]、迈科普 [Maikop]、艾姆巴河 [Emba] 和库页岛 [Sakhalin]）。但是许多地质学迹象表明其他一些地区也存在石油。乌拉尔地区意外发现石油就是一个明显的例子。

我们当前几乎没有开发天然气这种宝贵的能源，达格斯坦（Daghestan）、乌克兰南部和伏尔加中部等地都拥有丰富的天然气储备。

二

近十年来，电力传输技术的变革丝毫不亚于电力产出方法。尽管法国科学家马塞尔·德普雷兹（Marcel Deprez）在1891年就试验了输配电，恩格斯曾高度评价这一工作的重要意义。但高压输配电真正步入实践阶段仅仅是近十到十五年的事。相对于它的范围和重要性而言，电网的布设还处于胚胎期，仅覆盖了少数且局部的一些地区。第一条12万伏的输电线在战后才架设起来。

这使我们更加清晰地认识到天才列宁的伟大洞察力，在经济大萧条时期，能够表现出微弱生存迹象的工厂都很少，而他能够预见技术的发展，坚持以建立由高压输电线相互连接的中央电站为基础，制定电气化计划。

目前，美国已经广泛使用了 22 万伏的传输设备。很多情况下，架设这种设备最终是为了传输 40 万伏的高压电。

美国的电网纵横交错，西到密西西比河，东到大西洋，南到墨西哥湾，北到（并且横跨）加拿大边境的整个领土上的主要大型发电站都可以实现电力交换。范围覆盖233万平方千米，是德国、法国和英国面积加和的两倍。

几年内，这一不断扩张的网络将与密西西比以西的另一系统相连接，那时高压输电网将覆盖389万平方千米、1亿人口，并网发电的总负荷将达到2000万千瓦。

同时，电流传输领域近来也开启了全新的视角和可能性。

通用电气公司董事长赖斯先生在 1929 年东京国际工程大会上发表的一份报告中概述了在不久的将来推进电力传输技术的可能性，认为其已经具备了技术可行性。实验室实验已经可以传输 500 万伏的电流，并使得变压器、绝缘体和其他电力设备能够经受数百万伏的考验。

同时，（科学家们）对输电线路，特别是高压直流输电方面也进行了一系列成功的研究。这些实验的成功得益于近年来各种各样的真空整流器、充气管整流器以及把直流电恢复为交流电的类似设备的巨大发展。这些设备（所谓的充气管整流器）在几年内从实验室阶段上升为一种重要的电子工业装置。所有这些进步表明，在不远的将来高压交流电将有可能通过真空整流器转换成超高压直流电。直流电经过远距离传输，再通过闸流管（上述设备的一种最新类型）重新转变为交流电。这使得大量电能在 1500 千米到 2500 千米的远距离传输成为可能。

仅这一方法就将使目前的电缆容量增加 2 到 3 倍，这当然具有重大的经济意义。值得注意的是，这些问题的解决涉及绝缘材料领域的彻底变革。约费院士的研究已经清楚地勾勒出这一变革的方式。

126

电力传输领域的变革对我们实现远景规划具有重大意义，它们部分已经得以实现，部分已经具备了可行性，使得我们可以在电气化远景规划中提出并且详尽阐述列宁一再强调的基础性问题，即全国按照统一的计划完成电气化。列宁在许多公开演说、文章和书信中反复强调"**全国**"一词。

这一问题并没有在"全俄电气化计划"中得到彻底解决。

近年来，高压输电的迅速发展为更加充分合理地利用丰富的水利资源提供了可能，主要位于国家边境外高加索的摩尔曼斯克（Murmansk）地区的第聂伯河（Dnieprostroy）、伏尔加河（Volgostroy）、卡马河（Kama）、安加拉河（Angara）、涅瓦河（Niva）和科夫达河（Kovda）的第二和第三阶段工作，以及高加索山脊（Caucasian Ridge）北坡、奇尔奇克河（Tchirtchik）、塔吉克斯坦（Tadjikistan）、阿尔泰（Altai）等地的水力发电也使得我们能够在易于获得燃料尤其是廉价的本地燃料的地方规划高容量热能发电站网，以集中整个国家的动力。

借助单一的高压电网，苏联电气化总体规划将使国家的生产力分配领域产生深刻变革。

强大的远距离能源将被导入普通的动力线路。

"先锋"发电站将成为新工业区的中心，这些工业区将从一开始就建成联合型，从而最合理地利用电力、原材料和生产的副产品等。

廉价的电力使得大规模推进新技术进步成为可能，尤其是电化学和电冶金学，如铝、锰、铁合金、电工钢等许多化工产品。

127 将于明年竣工的第聂伯集团（Dnieper Combine）是这种联合的最好例子，它依托第聂伯河上欧洲最大的水力发电站开展相关业务。

总体规划把两个相距 2000 公里、拥有大量自然资源的区域连在一起，实现了乌拉尔地区（Urals）和库兹涅茨克盆地（Kuznetsk Basin）工业的电力统一。统一的输电网和电气化铁路网络可以把这些煤层、冶金、化学、机械建造、有色金属和大规模机械化耕作中心结合成一个经济有机体，这是世界上任何地方都无法比拟的。

这些得益于安加拉河（Angara）、叶尼塞河（Yenissei）、阿穆尔河（Amur）等边远河流的巨大能量储备。它们源自阿尔泰山脉和位于塔吉克斯坦的帕米尔高原。

对这些电力资源的利用促进了轻金属生产的广泛发展，以及机械建造与交通的彻底革命，从而开创发展新速度，实现自动化控制、高气压、高温度和高电压的新胜利。

按照总体规划设计的方案，热电站的电力生产与煤、页岩和其他燃料的化学处理相结合，同时也在周边地区实行热分配计划，为生产和家用集中供应蒸汽和热水。

电气化的总体规划预计实行广泛的运输电气化。

最终，全面电气化将破除城乡之间的对立。

因此，统一高压输电线路网将创造一个巨大的能量场，它将促使技术向最先进的方向发展。资本主义无法充分利用的现代物理科学的伟大革命将在苏联的广大领土上得以彻底实现。

在苏联电气化总体规划的初步草案中，涵盖以下统一高压输电线路网建设的基本阶段：

在第二次调整期间，也就是在 1937 年以前，将实现苏联欧洲部分所有地方发电站的互联互通。输电线路，包括：（1）列宁格勒—莫斯科—顿涅茨盆地（Donetz Basin）—亚速海—北高加索；（2）下诺夫哥罗德（Nijni Novgorod）—斯大林格勒；（3）莫斯科—下诺夫哥罗德；（4）科利沃伊—罗格—第聂伯河—顿涅茨盆地—斯大林格勒，（3）和（4）将会形成一个"莫斯科—下诺夫哥罗德—斯大林格勒—顿涅茨盆地"的单一环形系统，与（1）列宁格勒—摩尔曼斯克和（2）外高加索两条线相连，它们对高山河流的水能和高山湖泊的调节水电站的利用（如塞凡湖 [Sevan Lake] 等），都将为外高加索地区的完全电气化提供极为有利的条件。

这一基本电网将与乌拉尔电网相连接，后者会合了金属冶炼厂、基泽尔（Kizel）煤田的强大发电站与卡马河、乌拉尔河的水电站。

甚至在 1937 年以前，欧洲电网就应该经由车里雅宾斯克（Cheliabinsk）、库尔干（Kurgan）、鄂木斯克（Omsk）和新西伯利亚（Novosibirsk）从而与库兹涅茨克盆地相连接。通过阿尔泰河上的发电站和新近发现的卡拉干达煤层，库兹涅茨克盆地线将与中亚线相连接，包括中途的康拉德（Kounrad）和哈萨克斯坦其他地区的铜矿，这些地方富饶的自然资源才刚开始展现出来。这些线向北延长将把库兹涅茨克盆地与米努辛斯克（Minussinsk）连在一起，叶尼塞河上游的水力资源估计有数百万千瓦，随后又与克拉斯诺亚尔斯克（Krasnoyarsk）连在一起，使得叶尼塞河中游更加丰富的能源得以利用。

中亚的电线应该利用源自天山（Tyang-Shang）和世界上最高山脊帕米尔高原的河流能源，而这些资源大约有 4000 万千瓦。

首先对塔什干的奇尔奇克河（Tchirtchik）、纳伦河（Naryn）和瓦克什河（Vakhsh）等河流的充分综合利用，既有利于电气化，又有利于灌溉，它将使棉花种植得到最广泛的发展。而且，生产棉花种植所需肥料的化工厂和有色金属冶炼厂也将成为电力消费大户。

第二次调整中，目前只规划了安加拉集团（Angara Combine）的初步阶段，如：广泛地勘查与起草。安加拉河将由贝加尔湖调控，从而进行大规模水力集中（高达 1000 万千瓦）。

而且大型煤田，储量丰富的铁矿石、有色金属、轻质金属和稀有金属矿藏以及世界上最大的木材区等就在附近。毫无疑问，未来这一区域将成为一个最大的动力和工业中心。

最终，远东（太平洋）电网将连接符拉迪沃斯托克地区的煤矿发电站和阿穆尔河（位于德科斯特里湾）及其支流上的水电站。

在总体规划的方案中，我们看到一系列由地区间输电线连接而成的区域输电线（如欧洲的、高加索的、乌拉尔山脉的、西西伯利亚的、中亚的、安加拉河的和远东的区域）。

第二个五年计划期间，已经在发电站总容量方面达到最发达资本主义国家水平的苏联将在电力生产方面大大超越这些国家，值得注意的是，目前苏联发电站的工作时数和负荷程度已经超越了美国。

总计划预期进一步提高发电站的利用率，计划达到每年6000 至 7000 小时。

如我们所见，统一输电网的建立将会彻底改造工业企业的地理分布，以保证对所有自然资源（尤其是低热值的本地燃料）的最大利用。它将确保从源头到原材料转化再到成品制造期间的劳动力损失最小，以实现经济落后地区的工业化和农业的彻底电气化。

三

过去十年间，电气化领域的第三类技术变革是**电力使用方**

法的变革，以及这些方法对工业过程性质的影响。（在这次报告中我们不对电冶金学和电化学问题作特别讨论，如电气化应用于新材料和天然物质的开发以及农业的电气化问题。）

电气化的影响首先在工业领域中表现出来。电气化是工业中生产机械化、自动化和合理化的一支通用杠杆，它彻底转变了工业企业的生产条件。

在发达资本主义国家中，工业的电气化程度是其工业发展技术水平的一项极具说服力的指标。

1930 年初，美国工业的电气化平均水平约为 75%，德国约为 70%，而英国仅为 50%。

工业电气化的发展不仅象征着量的增长。它在某一阶段必然带来生产过程的深刻质变。电动机在工业中不仅扮演着便利的机械动力的角色。在发动机特殊性质的影响下，在电气化的某一阶段，生产装置的工作性质、特设机件的总工作以及不同工厂之间的联系都会发生变化。

130

让我们来看第一个问题。

关于这一领域的变化，德国中央电气工业协会（柏林，1930）的工程师们在一份集体报告中对这一领域的变革进行了有趣的整理。这份报告题为《电动机进入工业》（*Elektromotorische Antriebe in der Industrie*, W. Geyer, W. Philippi et al. ）。专家们未加渲染地陈述了事实，对这些事实所展示的技术发展方面的深刻变革深信不疑。

这份报告论述了工业和采矿业电气化的四个主要阶段。

第一阶段是不断尝试将电力更多地应用于工业的时期。这一时期的电力主要被用于其他方式不能完成或面临巨大困难的任务。在此期间，电动机逐渐占领了国内工厂的运输工具、起重机以及矿井升降机等。

第二阶段的主要特征是各企业能源的集中。电动机渗入了冶金业，夺取了轧钢厂。纺织业和其他一些部门也逐渐淘汰了传动带，引入了带有独立发动机的机器。

第三阶段是以电力广泛应用于精确测量、速度调节和不同机器或机器不同零件的协调运转为特征的。（但是，作者们忽略了这一时期一项最本质的变革，即以电动机为基础的输送机和连续生产形式的引入，而这构成了一项单独的课题。）

第四阶段的特点在于通过创造一种真正意义上的**电机**，使得电动机与制造设备越来越趋于融合。电动机不再是为制造机提供动力的局外人。它渗透于机器，与其建设性地结合在一起，成为其不可分割的一部分，直接影响机器和生产过程的性质。这样，整个生产过程就变成了电动机的功能。

电动机取代人力，并具有灵活性和精确性，以组合的方式完成用物理或蒸汽动力，而这在使用人力或蒸汽力的条件下是完全不可能的。因此，电动机为工业技术进步开启了新的可能性，深刻改变了现代生产的整个性质。

我们在上述德国电气工程师们的报告中，发现很多工业过131程都是这一变革的典范。

近年来，纺织工业发明了机械交换线轴的电动纺纱机，转速可以达到每分钟 4200 转，是机械纺纱机的两倍。这种机器，尤其在粗纤维（大麻、剑麻等）纺织方面极大地提高了生产率。机器由一个开关按钮启动，并且整个操作过程被大幅简化，一些新机型甚至只需三个按钮即可操作。报告还提到在一些纺纱机型（每分钟一万转）的每个纺锤上安装单独的小电动机的有趣实验，这消除了传输过程中的能量消耗，而又不会导致机器价格的大幅提升。

电动机在**人造丝**的生产中更为重要，它从一开始就表现出对这一新兴产业生产过程的巨大影响。近年来，电气专家在该领域的成功劳动为人造丝纺织机设计出许多种专门的电力传动装置。

电气化已经使生产过程的第一个化学阶段实现了自动化。目前合成纤维的制造正朝着几乎完全电动化的方向发展，没有传送带，只需按几个按钮就可以控制整个生产过程，只需少数几个人就可以管理运行工厂。人们还试图依靠电力来实现其他生产过程的自动化，比如通过电闸调节液体的流动和下落等。一个类似整个生产过程动态镜像的中央舱集中着所有信号显示仪、控制仪和测量仪。由于机械装置与电气设备的相应部分相连，所以只要转动"调节器"或一个发条装置，许多必要的程序就可以自动执行。电气化使得生产大幅度加速。比如，离心电锭每分钟 1 万转，而机械锭每分钟只有 5 千至 6 千转。最近，已经引进了每分钟 2 万转的新型离心电锭。

电动机对**造纸厂**的影响最为有趣。

近几年，多电机驱动的发展对整个生产过程起到了决定性的影响，带来了生产率的巨大增长。

传送带在现代造纸厂中几乎完全消失了。单独的电力传动装置使得人们能够在连续的技术生产线上组织整个生产流程，既充分利用了空间，又便于对工作场所的观察和清洁。发动机的连贯运转使得生产出的产品完全同质，并能够迅速计算出所消耗的能量和所获得的产品。而且各生产阶段的速度都是可以改变的。

多年来，从处理纸浆到缠绕干纸卷，造纸机已经成为连续工作的完美典范。

最近，传动带原理已经扩展到生产过程的第一个阶段，这一阶段从纸浆到达港口或工厂仓库开始。记录仪可以控制整个生产过程。通过电力控制杆对速度、压力等的遥控，多电机驱动造纸机可以使这些大型机器的各个部分都十分连贯且协调地运转。新型造纸机的每一个轧辊、转鼓和其他部分都配有单独的发动机。电力的复杂应用实现了机器的同步运行，大大简化了传动过程，并使机器的运转更为流畅。操作也得到了大幅度简化，几乎通过一系列调节整个机器速度、控制纸张运转和轧辊升降等的按钮就可以完成。装有仪表和按钮的操纵室可以设置在任何位置，它相当于机器的大脑，通过它一名工人就可以控制从原材料接收到成品产出的整个生产过程的连续流程。这里我们看到如何在新的电力基础上把机器转化为马克思所描述的"自动工厂"，马克思是以他那个时代的造纸机为例，而现在则采用的是一种全新的且更加完美的形式。

我们也可以在**印刷机**上看到新型电力传动装置的类似效果，尤其是强大的适应于快速变革的报刊发行的所谓复式轮转印报机。这种机器的任何部分都可以单独工作，也可以任意组合或连接成一个完整的整体，还能够大幅度变速。这种适应性并未妨碍它的巨大生产能力。

133　　由于这种机器体积巨大，只有通过多电机传动才有可能遥控。机器的每个部分都有所属的电动机组、调节设备和控制杆，它们依靠电力相互连接。机器自身也有一个遥控，即配电盘上的开关按钮，它根据测量仪的指示工作。

近年来，各种各样的**金属加工车床**越来越清楚地呈现出相似的发展趋势。

起初的发展方向是每个车床配备独立的发动机，而近来复杂车床的各个部分也都单独配有发动机。发展的趋势在于最大幅度地简化发动机与工作轴之间的传动，减少机械损耗并简化操作。

某些新型多轴车床的每一个工作轴都装有独立的发动机。

与机械传动相比，通过缩减传动中的损失，避免机器不工作时发动机的运转，大约节约了 50% 的电力。

车床旋转部分的改造也开始受到电力传动的影响，但是通过切换电动机来实现的。

同时，仪器的设计使人们无需离开工作地点就可以操作车床。这里接通、关闭以及调节转速和方向等也都采用了按钮形式。所有这些使得下一个步骤——直接根据工作程序的要求自动开关——成为可能并变得相对简单。这种设备的最简便之处就在于工作结束后的自动断电装置。而且，工作机的自动设备始终处于最大生产能力也变得容易了，例如，根据所需电量来改变与发动机的联结状态，或根据手中物件或工具的位置来调节工作速度，或设定一个恒定的切削速度等。

毋庸讳言，与传动带相比，独立电动机的发展易于对工作条件及其对生产过程的适应情况进行检查，便于机器的维护和运输等，由此带来了生产率的巨大提高。车床的启动和停止被缩减到零点几秒钟。对于旋转车床、螺纹机和自动机而言，当需要快速改变方向和转速时，转换控制器可以在不到一秒钟的时间内，使之从一个方向转到相反方向，并保持每分钟1500转的速度。只有电力的应用才能使这一切成为可能。大型车床和机器中使用电动机驱动排除了碰撞、磨损和生产能力降低等机械传动中不可避免的因素。

在一些重型机械中，电动机驱动可以省去飞轮的使用，这带来了能量、重量以及空间的巨大节省。

在轧钢厂，多机电动传送带也为近乎全自动提供了可能性。

一名站在小小的配电盘旁监制大型制造厂的工人，执行的仅仅是生产过程的开始功能，即朝一个方向或另一个方向启动电机。其他的过程都自动完成的。一个工人可以照管许多这样的配电设备，它们有时被放置在一个单独的房间里，这样既便于观察又可以隔开车间的灰尘。由此，对生产过程的基本控制开始集中在一个装有测量仪器、信号灯和按钮的单独舱内。

借助这种设备，只需两名工人就可以完成对大型轧钢厂的全部控制，一名工人操作主电动机及调整轧辊，另一名工人则负责所有的辅助设备。有时，一名工人可以远距离负责七、八条生产线。

电动机对化学产业也产生了类似的效果和影响。电气化大大简化了化学企业的整个生产流程。它的生产性质尤其益于使用遥控并集中发动机的所有开关，即生产过程的全部控制都集中在一个与车间相隔离的中央舱内，几名工人注视着测量仪，通过按下这个或那个开关按钮进行操作。一般情况下，装配工只是偶然巡视工作场所和那里的机器，检查它们的状况并维修发现的任何问题。

我们不再详述其他生产过程。各处的变革都十分相似。现今，到处都能找到在电力基础上实现"遥控"和"自动化控制"的技术口号。

135 目前，纯工业企业以外也可以观察到类似趋势，尽管还不是很显著。例如，我们发现采矿业的某些部门也在进行着遥控与自动控制方面的类似尝试，尤其是机械基础上的褐煤表层采矿、建筑原材料的生产以及某些水力技术工作等。

简单来说，用于远程控制的所谓自同步装置在近几年已经广泛应用于各种生产过程中。

这种设备首先用以控制巴拿马运河的水闸。在距离水闸好几米远的控制舱内，自同步装置对水闸的所有运动进行了微型同步重复操作。负责人可以在特定时刻浏览到水闸各部分的位置和水位等，因为自同步装置展现了整个动态过程。例如，当闸门打开时，控制室中的微型铝门也同时打开。还有重复了锁链所有运动的缩微锁链用以保护水闸不被过往船只损坏，和一个精度高达 2.5 厘米的铝制圆柱体用来指示水位。根据几米以外对水闸运动的细致的动态反映，负责人只需按下按钮就可以用控制杆远程操作必要的机械装置。① 近年来，自动同步装置在自动水力发电站中得到了广泛的应用（用于调节水流、控制管道压力等），如远程提升桥梁、控制升降机、照明、水位指示器、气压等。事实上，这些设备不断地被投入新的，甚至有时是完全意想不到的任务中。在不远的将来，自动同步装置无疑将会被用于地下电气铁路的全自动控制。

这种机械装置连同电动控制杆，使得各种不同的工业企业采用自动化控制成为可能。

上述材料拼凑出的图景并不完整，却可以展现出这些变革波及的广大范围。这些变革无一例外地影响到工业技术的所有部门。

在过去的一年中，美国各工业部门的技术文献充满了这方面的各种发明、改进和新机型。所有这一切都表明，技术的发展都处于一场最深刻的生产方式革命的前夕。

正如 18 世纪末蒸汽机的发明，或联系到 19 世纪中叶电力 136

---

① 必须指出，在无线操作的条件下更能简便地应用这种设备，各个战争部门都在秘密从事这方面的试验。

技术的发展，发明、改进和新型设备随着主要方面的进步，正同时从不同方向大规模展开。

而目前的发展规模更加庞大。以下趋势是这种发展的结果之一。发动机、传动装置和工作机在蒸汽技术的影响下，变得越来越专门化并相互分离。在新的电力基础上，它们一方面变得越来越分散，有时相距数百千米，在不远的将来将达到数千千米。而另一方面，它们开始超越这种分隔，正结合成一个有机的整体。

当所有这些变革在社会主义的基础上得到充分发展时，将对工人产生以下基本影响。它们将在最大限度地节约劳动、能量和原材料的同时保证生产率的巨大提升。

这一发展为所有生产部门更大程度的自动化开辟了道路。这种建立在电力基础上的自动化将代替人类劳动，不仅是繁重的体力劳动（在此方面，原先的机械化已完成），而且是那些在半自动大批量生产中十分典型的、单调的、身心俱疲、只需"操作者"具有有限技术的福特式输送机生产。

在现代发电站中，配电盘旁的工人的劳动类型就是自动电力企业中新型劳动的典型范例。

不同的机械装置和不同的生产过程将采用十分相似的形式（部分已经采用了）。

就劳动过程而言，对鼓风炉的冶金流程、钢铁炉、轧钢厂、各种金属加工车床、多种自动编织机、大型造纸厂、大型转轮印刷机、化学仪器、电气化铁路调度站等的控制正形成一种统一的类型和特征。

当前的资本主义技术水平和技术发展的明显趋势已经表明，电气化完全能够为人类提供巨额且廉价的电力，其分配和利用将减少人力的大量支出。

利用大量能源的可能性预示着我们将要进入一个"生产力汇流成河"的时期。

尽管如此，我们发现，在曾经产生这些技术成就，并开启了工业进步领域的激烈竞争的现代资本主义条件下，发展的每一阶段都会产生阻碍，每一次技术上的成功都强化了旧有的对立，并引起了新的对立。

根据以上描述的电气化趋势，让我们考察几个对立的具体例子。

所有技术和经济条件都促使发电站及其设备，如锅炉、涡轮和发电机的扩充。

例如，根据第二届国际电能会议上德国工程师的详细概算，涡轮式发电机的体积越大，其相对的资本支出越小，热能浪费越少，发电站的维护成本也越低。

在同样的负荷下，最大的涡轮式发电机电流成本最低。

美国专家也得出了完全相同结论的推断。

例如，多伦多发电站的设计方案表明，在相同的总生产能力下，更大的集合体可能会使成本降低 20%。

这对于锅炉同样适用。几个生产能力和有效运行系数高的大型锅炉代替许多小锅炉，会使得所有维修费用都得到了极大地节省。

发电站总生产能力的提高意味着它们相对空间和面积的大幅缩小。

例如，根据德国的数据，1000 千瓦生产能力的发电站每千瓦平均占地 0.14 平方米，而 15 万千瓦的发电站每千瓦平均占地仅为 0.06 平方米。

按立方米计算，相应分别为 2.2 立方米和 1.6 立方米。

按照美国的数据，涡轮式发电机生产能力的增加致使每单位生产能力所占生产场所的平面面积和立体空间大幅减少。

在相同的面积和生产场所内，新式涡轮的使用使得新式涡轮发电机的生产能力达到旧式的 2—3 倍。

138　　因此，福特最近用 11 万千瓦的新式涡轮发电机换下了 2.5 万千瓦的旧式机。泽西市发电站的两台旧式涡轮发电机被三台新式机所取代。在第二届国际电能会议上，一位美国代表的报告谈道："对成本的细致分析已经表明随着锅炉和涡轮发电机生产能力的增加，发电站每千瓦的维修费用锐减，并且这种发展目前还没有明显的局限。"

从技术上讲，目前已经可以建设远高于现存生产能力的集合体。以前，由于这种巨型集合体一旦断电将会引发一场大灾难，造成大量损失，因此我们不建设这种大型装置。现在，随着电线的广泛连接，风险大大降低了，因为即使最强大的涡轮发电机失效了，电力系统也还有充分的储备以维持电压。那么，究竟是什么原因呢？为什么这一技术发展趋势具有十足的合理性却没有得到大规模应用，而只是应用于一些个例中。

首先，只有全负荷工作时以上优势才会出现。平时的负荷越小，集合体就应该越小。

锅炉也是同样情况。如果不是全负荷工作，就需要比涡轮发电机更小的、技术更不完善的锅炉，因此也需要更多的锅炉。事实上，电能会议的一位代表不得不承认："经济原因妨碍了技术得利"。

负荷率，即发电站的利用程度，也是电流生产成本的重要因素。

即便依据战前数据，每千瓦时的煤每天工作四小时总共可以产出 1000 马力，而如果连续工作它的产出量则可以达到两倍。当负荷减少时，相对来说有效运行系数甚至减得更快。

因此，当负荷减少时，大规模电流生产的一切无可置疑的巨大技术与经济优势就立即消失了。

但目前，现代资本主义的条件不可避免地导致发电站的不完全负荷，并且有进一步降低其利用率的趋势。

这就是为什么第二届国际电能会议上几乎所有演讲和报告都在强调负荷问题。这就是为什么美国电气化领域最亟待解决的问题是不惜一切代价争相增加负荷率（尤其是所谓的生活用电）。尽管该领域采取了一系列努力，但近年来不断增长的生产能力、技术进步和发电站的合理化与其利用率之间的不均衡，仍在逐步加剧，而非减少。

1929—1930 年，美国和法国发电站的利用率约为 30%，德

139

国约为 25%，英国约为 21%（而苏联约为 40%）。

这是 1930 年世界经济危机以前的情况，而这场危机更使得情况大为恶化。

危机以前，主要资本主义国家的电力生产在绝对数值上稳步增加，尽管增长率明显趋于下降。

1930 年，许多城市都明显受挫，不仅电力生产的相对数值下降，并且绝对数值也开始下降。在美国、德国和英国，（电力生产）指数开始下跌，就像温度计中的水银暴露在了冰霜里。它意味着以上描述的众多技术进步不仅立即受到钳制，并且转化为一种障碍。

作为同一问题的另一面，垄断的发展成为现代资本主义条件下电气化的另一种对立形式。在资本主义条件下，大型发电站和中央发电站的修建、导线的相互连接以及电力技术工业的发展趋势等导致异常强大的资本主义垄断的出现，它们与金融资本紧密地纠缠在一起。

这些垄断的发展必定使衰落的趋势表现得特别明显。

例如，第二届国际电能会议上，美国驻德大使的报告称，在美国享有垄断地位的发电站其向消费者索要的价格是实际费用的十五倍。

我们还可以以电气集团与水电站，如马斯尔肖尔斯（Muscle Shoals）、圣劳伦斯河（St. Lawrence）等一系列完全切实可行的计划的激烈斗争为例。

电气集团把数百万美元浪费于这场斗争，用以在华盛顿专门游说并贿赂官员，不遗余力地阻碍潜在竞争者的发展。

这就是在美国，在最强大、最充满生机的现代资本主义国 ₁₄₀家。难怪一位报告人在德国召开的国际电能会议上宣称现代条件只允许对"通过检验的建设"感兴趣并建议听众提防所有重大的技术革新。

美国的电力托拉斯为完全垄断电力供给而挑起的斗争清楚地证明了电气化领域中资本主义对抗的异常尖锐与紧张。

节选宾夕法尼亚州州长平肖（Pinchot）在就职典礼上的一段演讲为例：

> 公用事业侵害了我们美国的政府形式，在其背后是政治腐败的整个构架：黑社会、受保护的诈骗者和水平或低或高的罪犯。

这出自一位在美国最伟大的州担任州长要职的人之口，并且不是一篇即席讲演，而是这位州长精心准备的就职演说。

1930 年 5 月 9 日，美国参议员诺利斯在参议院发表了同样见解。谈及胡佛总统关于"伟大的国家公用事业"的讲话，这位参议员说："面对联邦商务委员会的资料，他怎能把这些称为'伟大的公用事业'，资料显示，它们多年来一直在欺骗和掠夺美国人民。它们已经完全渗入每个州的政治当中，肮脏的、声名狼藉的政治应该使每位爱国人士感到羞愧。我不喜欢我们的总统称它们为'伟大的公用事业'。它们除了谋取私利以外什么事也没做，它们欺骗的正是那些把每一分钱都贡献给他们的人民。"

参议员诺利斯进一步指出："我们无法在这个国家享有廉价的电力供应，是因为电力托拉斯在每一个学区、市政当局、教堂、旅馆、童子军和妇女俱乐部散布毒害人民头脑，特别是青年头脑的谬误和误导性宣传，以促使人们反对政府经营，因为政府经营已经在安大略生产出廉价的能源。这就是当今妨碍数百万美国家庭幸福与繁荣的东西。"

141　　电力集团旋即采取回应。1931 年 3 月 21 日，南加州爱迪生电气公司的副总裁在一篇题为《政治破坏与电气工业》的文章中认为以上言论是"政治行为以公共利益为幌子对所有权的恶意摧毁"，"一种不是由工人，而是由主要政党发起的蓄意破坏"。他控诉"恶毒的诽谤"，力主"讨伐那些在政治组织中把持高位的不负责任的煽动者"。当然，平肖、诺利斯等人对这些破坏活动的控诉绝不会涉及私有财产和美国宪法等。他们只是简单地代表那些间接与这些电气集团的财团相联系的资本家的利益，他们的利润因为电力的高昂费用而减少。

我们之所以对这场不同资本家集团间的激烈斗争感兴趣，是因为它清楚地表明，在有计划的电气化发展的每一阶段，资本主义现实都引发出一些阻碍。

1930 年，一位著名的德国电气技术专家在期刊《经济技术》（*Technik der Wirtschaft*）上阐述了十分类似的阻碍与对抗。

他详细描述了现代电气化如何产生出一系列棘手的，大部分是无法解决的问题。他认为，由于资本主义的法律是建立在私有财产基础之上的，铺设高压线必须征得众多土地等财产所有者的同意，这导致了许多计划的落实极为迟缓，并且有庞大的额外支出。在多数情况下，不经法律批准就由一个公司对特定地区实施垄断，从而不可避免地导致利用高昂的电费进行"合法"掠夺，就如同西班牙一样，发电站之间的混乱竞争，带来平行的管线、不同的电压和巨额的资金浪费。

大型发电站，尤其是水电站的建设问题则更加复杂，因为它要求对整个河系进行有计划的管理，也就是实际上把整个地区移交给了特许权的获得者。

作者不得不承认，在这样的条件下，一份电力总体规划，甚至是与能量相关的计划，都只是文学想象。"人们甚至不会考虑抑制自由竞争和私有财产。"

英国的情况更糟。例如，政治社会研究学院的布兰肯霍恩先生（H. Blankenhorn）在报告中谈道："在英国，同一地区有太多不同容量和时代的发电站，电压和平均周期各不相同；并且存在着大量合法的限制和冲突，妨碍了远程传输的采用。"例如，伦敦地区"有 77 所发电站，50 张电网，几打不同种类的电压，半打不同的平均周期；虽然网络相互缠绕，但当出现故障时，发电站之间无法实施任何援助"。

他接着指出电力公司不是设法降低电价，而是确保各自区域内没有竞争对手。正如下议院所说："当存在垄断时，他们焦虑的不是电力生产，而是获得并保持垄断。"

布兰肯霍恩先生总结道，电气化的技术问题，大型发电站和统一电网的建立等"在英国受到电力封地和能量教区的阻碍"。

最近，英国下决心至少要在一定程度上实现电力供应合理化和铁路电气化等，但这些努力总是遇到来自各方的激烈阻挠。

只要提一下铁路电气化就足以说明问题，在英国，最容易实行并能带来燃料巨大节约的铁路电气化，却开展得极为缓慢，因为铁路公司惧怕来自占货运量30%的煤炭企业的压力。

即便是在工业初兴且电气化快速发展的日本，人们也经常发现一条河流上存在着不同企业的水电装置以及相互竞争的传输网平行地通往同一个电力消费中心。

在这种情况下，尽管技术上已经相当容易实现并且具有巨大的经济利益，欧立威（Oliven）、雪恩霍泽（Schönholzer）和维也里（Vieille）等人在全欧洲推行电气化的方案仍是一个毫无希望的乌托邦。这些"欧洲电气联合国"计划都明显地反映出不同资本主义国家之间的竞争，每一项计划都设法使自己的国家控制整个网络和源头，成为欧洲电力中心，电流的中央调度站，由此获得巨大的经济、财政和战略优势。

由于篇幅限制，我们无法详述电气化领域的无数其他腐朽表现。在技术发展的每一步、每一个节点，我们更加清楚地看到"日益发展的资本主义技术越来越远离社会条件，注定要把劳动者变为工资奴隶"（列宁）。

143　　如我们所见，在资本主义范围内，电气化领域巨大技术变革的萌芽正在走向成熟，它确保了所有生产方法与劳动性质的真正革命。

尽管如此，资本主义不仅不能广泛、普遍地发展这些新的技术趋势，还惧怕它们现阶段的成长与发展，便千方百计地扼杀新技术革命的萌芽，阻碍它们的传播与普遍应用，或者把它们转变为工人阶级、广大劳动者（尤其是小农）和整个人类生存与发展的敌人。这方面最显著的特征是电气化领域的所有最新发明，尤其是自动化控制、遥控和电视等都首先用于备战新的帝国主义战争。它们往往由战争部门保密多年，以防止在战争爆发之前投入使用。这些技术发明，本应是使生产力突飞猛进的武器，但却被现代资本主义转变为破坏与毁灭生产力的最可怕武器，尤其是数百万劳动者的灭顶之灾。

然而，除去直接用于备战，所有的现代技术奇迹都首先作为镇压工人阶级、损害其劳动条件、加强对其剥削的武器而为资本主义所利用。正如列宁在谈到法国农业电气化时所说："在资本主义条件下，电气化不可避免地导致大银行家加紧对工人和农民的压迫。保持资本家的权力，电气化就不能够有计划地、快速地完成，如果它完全完成，将意味着金融寡头对农民的新束缚和新奴役。"

社会主义构架自身就可以在电气化基础上推动那些新的、趋于成熟的技术变革的萌芽与趋势的发展，使它们成为所有生产过程的基础，利用它们实现生产力的空前提高，实现新劳动形式、新工人和新人类的发展。

　　整个现代资本主义的工业化图景将变成一种陌生且令人生厌的回忆。现在，我们已经看到了这方面的一些思想和意象重建的萌芽。

144　　烟囱已经变成了一种毫无意义的、浪费燃料的象征。

　　与大工厂生产紧密相连的烟尘、污物和喧嚣，将成为历史。

　　工厂不再需要招集众多工人，因为即使相对较少的雇佣工人也将可以实现大规模生产。装有配电盘、信号装置、各种测量仪和开关按钮的操纵舱将成为未来自动化工厂的劳动场景，基于目前的技术成就和未来技术发展真实无疑的趋势，我们今天就可以明确地感受到这种场景。这种发展使得人类最大限度上从艰苦的劳动中解放出来。在许多国家的语言中，"劳动"在词源学上是与"奴隶"相连的，而"工作"则与"辛苦"联系在一起。这种联系将会在实践中完全消失。

　　正如我们所见，所有这些变革的端倪以及新技术革命的第一声预报都作为成熟的、亟待解决的技术发展问题叩响了所有生产部门的大门，而现代资本主义的不断增长却阻止它们势如涌泉般传播开来。

　　苏联则不存在这些障碍，尽管过渡时期伴随着许多困难，在起草远景规划时我们也必须审度这些变化及其动态。

　　我们比以往更需要像马克思、恩格斯、倍倍尔（Bebel）①和列宁一样"前瞻技术进步的方向"。由此，列宁在战争肆虐、

_____

①　德国和国际工人运动活动家，德国社会民主党领袖和创始人之一。——译者注

工农业大萧条的最困难时期这样评价"全俄电气化计划"：

> 应该现在起草它（电气化计划①）**以便为广大人民群众呈现出一个客观、普遍、清晰易懂的（基础完全科学的）远景规划**，让我们开始工作，在 10 到 20 年的时间里，使整个苏联工农业实现电气化。

这一任务在我国的初级阶段（第一个十年）已经基本上完成了。苏联通过伟大的电气化纲领以及之后的五年计划吸引着群众。如今，"五年计划"一词已经（同"苏联"一样）变成了一种国际性词汇，鼓舞着苏联的广大劳动者为社会建设的进一步发展而努力工作，克服道路上的一切障碍，完成国民经济技术基础的改造。

工人运动、社会主义群众运动和农村集体化，都为制定"清晰易懂的远景规划"提供了基础性支持。

这一数百万人的运动，使我们在 1931 年，在采取"全俄电气化计划"和开启经济重建时期的十年后，建立起社会主义的经济基础，确保在四年内，许多部门甚至在更短的时期内完成调整。

与建造其他建筑物不同，当完成社会主义的经济基础时，我们还没有拥有，也不可能拥有建立在此基础上的大厦的详细

① 鲁宾斯坦注。

蓝图。

　　尽管如此，新建筑的独立轮廓正变得越来越清晰可辨。并且我们可以在第二个五年计划，在社会主义建设进一步发展的新远景规划中凸显这些轮廓。在提供技术基础的基本特征的那一部分计划中，我们已经可以一方面凭借近年来社会与阶级的变革，另一方面凭借对现代技术发展趋势和采取"全俄电气化计划"后易于辨识的技术变革的研究，在普遍的电气化基础上，起草出一个新的社会主义生产与劳动的"清晰易懂的（基础完全科学的）远景规划"。

牛顿《原理》的社会与经济根源[①]

鲍里斯·赫森教授[②]

目 录

[①] 俄文版表述为"牛顿力学的社会－经济根源"。——译者注

[②] 鲍里斯·米哈伊洛维奇·赫森（Б.М. Гессен, 1893-1936），科学哲学与科学史家、物理学家，莫斯科物理研究所所长，苏联科学委员会主席团成员。——译者注

一、导言：马克思关于历史进程的理论 ①

牛顿的工作和人格吸引了各时代、各国家科学家的关注。其科学发现的范围之广泛，对随后的物理学和技术发展影响之重大，及其定律之严密，理所当然地使人们对他的天赋给予特别重视。

牛顿为何处于科学发展的转折点上？在这一进步的运动中，他何以能够指明新道路？

牛顿的创造性天赋由何而来？是什么决定了其活动的内容和方向？

对于那些想要洞察牛顿创造性工作的真正本质，而不是简单地汇编牛顿相关材料的研究者而言，这些是不可避免地要面对的问题。

蒲伯（Pope）在一首著名的对句中写道：

自然和自然律隐藏在黑夜之中；
上帝说："让牛顿降生吧！"于是，万物皆明。②

英国著名数学家怀特海（Whitehead）③ 教授在近期出版的

---

① 俄文版表述为"问题的提出"。——译者注
② Alexander Pope（1688—1744），英国启蒙运动时期古典主义诗人。这是他为牛顿题写的著名的墓志铭。——译者注
③ Alfred North Whitehead（1861—1947），英国数学家、哲学家。——译者注

《科学与文明》（*Science and Civilisation*）中宣称，我们新文化的发展应归功于牛顿恰好在伽利略去世的那年出生。[①] 试想如果这两个人没有出现在世上的话，人类历史的进程将会怎样。

英国著名科学史学家，此次国际科学技术史大会主席团成员之一的马文（F. S. Marvin）教授，在《论17世纪的重要性》一文中对这一观点表示赞同，这篇文章几个月前发表在《自然》杂志上。[②]

因此，牛顿现象被归功于天意之仁慈，他的工作给科学技术发展带来的巨大推动被视为是其个人才华的结果。

在本次演讲中，我们将就牛顿及其工作提出一种截然不同的观念。

我们的任务在于应用马克思创造的辩证唯物主义方法和历史进程观念，联系牛顿生活和工作的时代，去分析牛顿工作的起源和发展。

我们将简要阐述马克思提出的基本假定，这是我们本次演讲的指导性假定。

马克思在《政治经济学批判》序言和《德意志意识形态》

151

---

① 牛顿出生时，英国仍沿用儒略历，此时欧洲大陆已奉教皇格里高利之敕改用格里高利历，两者有10天的差异。按格里高利历（即后来的公历），牛顿出生于1643年1月4日。——译者注

② 文中提到的论文发表于1931年2月7日的《自然》杂志，名为"17世纪的重要性"（The Significance of the 17th Century），是马文对克拉克（G.N. Clark）1929年的著作《17世纪》（*The Seventeenth Century*）的赞美性书评。马文是1931年国际科学技术史大会的重要组织者之一，克拉克在大会的第一场做了主题报告。——译者注

中阐述了其历史进程理论。我们将尽可能用马克思自己的语言来表达其观点的精髓。

社会作为一个有机的整体存在和发展。为确保存在和发展，社会必须发展生产。在社会生产中，人们进入一定的、独立于他们意志的相互关系中。在每一特定阶段，这些关系都与物质生产力的发展相适应。

这些生产力的总和构成社会的经济结构，它是法律和政治上层建筑矗立其上的现实基础。

一定形式的社会意识也与这一基础相适应。

物质生活的生产方式制约着整个社会生活、政治生活和精神生活的过程。

不是人们的意识决定人们的存在，相反，是人们的社会存在决定人们的意识。社会的物质生产力发展到一定阶段，便同它们一直在其中活动的现存生产关系或财产关系（这只是生产关系的法律用语）发生矛盾。

这些关系便由生产力的发展形式变成生产力的桎梏。那时社会革命的时代就到来了。随着经济基础的变更，全部庞大的上层建筑也将发生变革。

这些时期的主流意识必须从物质生活的矛盾中，从社会生产力和生产关系之间的现存冲突中去解释。①

①　以上7段主要引自马克思的《政治经济学批判》序言，原文为："人们在自己生活的社会生产中发生一定的、必然的、不以他们的意志为转移的关系，即同他们的物质生产力的一定发展阶段相适合的生产关系。这些生产关系的总和构成社会的经济（转下页）"

列宁认为这种对历史进行唯物主义解释的观念消除了以往　152
历史理论的两个主要缺陷。

以往的历史理论仅考察人类历史活动中的精神动机。因此，它们无法揭示这些动机的真正根源，认为历史是由个别人的精神推动所驱使，从而阻碍了对历史进程之客观规律的认识。"看法支配世界。"历史进程依赖于天才和个人的推动。个体创造了历史。

上文引用的怀特海教授对牛顿的看法就是一个狭隘地理解历史进程的典型例证。

马克思的理论所消除的第二个缺陷是，历史的主体不是人民大众，而是精英人物。这种观点最明显的代表便是卡莱尔（Carlyle），在他看来，历史就是伟人们的故事。

历史的成就仅仅是伟人们思想的实现。英雄的天赋不是物质条件的产物，相反是天才的创造力改变了那些条件，它本身不需要任何外在的物质因素。

---

① （接上页）结构，即有法律的和政治的上层建筑坚立其上并有一定的社会意识形式与之相适应的现实基础。物质生活的生产方式制约着整个社会生活、政治生活和精神生活的过程。不是人们的意识决定人们的存在，相反，是人们的社会存在决定人们的意识。社会的物质生产力发展到一定阶段，便同它们一直在其中活动的现存生产关系或财产关系（这只是生产关系的法律用语）发生矛盾。于是这些关系便由生产力的发展形式变成生产力的桎梏。那时社会革命的时代就到来了。随着经济基础的变更，全部庞大的上层建筑也或慢或快地发生变革。"（《马克思恩格斯全集》第十三卷，北京：人民出版社，1962年，第8—9页）——译者注

与这种观点相对立，马克思考察了创造历史的民众运动，研究了民众生活的社会条件，以及在这些条件下民众生活的改变。

正如列宁所强调，马克思主义指出了一条全方位研究社会系统之起源、发展和衰落的途径。它通过考察所有矛盾趋势的总和来解释这一过程，并把它们还原为各阶级生存和生产的确切决定条件。

马克思主义消除了在选择和解释各种"统治"思想时的主观和武断，无一例外地把所有思想之根源归结于物质生产力的形态。[①]

在阶级社会中，统治阶级支配着生产力，并通过对物质力量的支配使所有其他阶级都屈从于它的利益。

在任何历史时期，统治阶级的思想都是占统治地位的思想，统治阶级把它的思想作为永恒真理提出来，以区别于以往的所有思想。它希望永远统治下去，并将其统治的不可侵犯性建立在其思想的不朽地位之上。

153 　资本主义社会中出现了将统治思想从生产关系中分离出去

---

① 以上2段引自列宁的《卡尔·马克思》，原文为："马克思主义则指出了对各种社会经济形态的产生、发展和衰落过程进行全面而周密的研究的途径，因为它考察了所有各种矛盾的趋向的总和，把这些趋向归结为可以准确测定的、社会各阶级的生活和生产的条件，排除了选择某种'主导'思想或解释这种思想时的主观主义和武断态度，揭示了物质生产力的状况是所有一切思想和各种不同趋向的根源。"（《列宁全集》第二十六卷，北京：人民出版社，2017年，第59页）——译者注

的情况，由此创造出物质结构为思想所决定的观念。①

实践不需要参照思想来解释，但反过来，思想的形成必须参照物质实践来解释。

唯有以创造无阶级社会为目标的无产阶级，其关于历史进程的观念是没有局限的，并能够创造一个真实的、真正的自然历史和社会历史。

牛顿最活跃的年代适逢英国内战和共和政体时期。

在上述假定的基础上，马克思主义对牛顿活动的分析，最重要的是把牛顿、牛顿的工作以及牛顿的世界观理解为这一时代的产物。

154

二、牛顿时代的经济、物理学和技术②

世界历史上被称为中世纪和近代的那段历史，其首要特征是有了私有财产的规定。

这一时期的所有社会结构和经济结构都具有这一基本特征。

因此，马克思把这一时期的人类历史视为私有财产形式发

---

① 以上4段引自马克思和恩格斯的《德意志意识形态》，原文为："统治阶级的思想在每一时代都是占统治地位的思想。这就是说，一个阶级是社会上占统治地位的物质力量，同时也是社会上占统治地位的精神力量。支配着物质生产资料的阶级，同时也支配着精神生产的资料，因此，那些没有精神生产资料的人的思想，一般地是受统治阶级支配的。占统治地位的思想不过是占统治地位的物质关系在观念上的表现，不过是表现为思想的占统治地位的物质关系；因而，这就是那些使某一个阶级成为统治阶级的各种关系的表现，因而这也就是这个阶级的统治的思想。"（《马克思恩格斯全集》第三卷，北京：人民出版社，1960年，第52页）——译者注

② 俄文版词语顺序调整为："牛顿时代的经济、技术与物理学"。——译者注

展的历史，并且把它划分为三个阶段。

第一阶段是封建主义统治时期。第二阶段随着封建制度的瓦解而开始，并以商业资本和商业制造的出现和发展为特征。

私有财产发展的第三阶段是工业资本主义的统治时期。出现了大规模的工业，为工业目的而使用自然力、机械化和详细的劳动分工。

自然科学在 16 世纪和 17 世纪期间取得的辉煌成就是以封建经济的瓦解，以及商业资本、国际海运关系和重工业（尤其是采矿业）的发展为条件的。

在中世纪经济最初的几个世纪里，不仅封建经济，并且在很大程度上，城市经济也是以个人消费为基础的。

以交换为目的的生产那时才初现端倪。因此，交换和市场的性质是有限的，生产的形式是孤立和停滞的，本地与外界是隔离的、生产者之间的联系完全是当地的：乡间的封建领地和公社，城镇中的行会，也都还存在。

155　　在城镇中，资本是实物的，直接与所有者的劳动联系在一起且不可分割。这就是实体资本。

在中世纪的城镇中，不同行业之间没有严格的劳动分工，行业中的个体劳动者之间也没有严格的劳动分工。

贸易匮乏、人口稀少和消费范围有限，阻碍了劳动分工，使其难以得到发展。

劳动分工的下一步是生产与贸易形式的分离，专门商人阶级的形成。

商业范围的拓宽，城镇之间开始相互联系。因此有了对道路公共安全的需要，对良好的交通和运输工具的需求。

城镇间新的联系导致了各城镇生产分工的出现。每一个城镇都发展出一个特殊的生产部门。

于是，封建经济的瓦解导致私有财产发展进入第二个历史阶段——商业资本和工场手工业统治的时期。

工场手工业的出现是各城镇之间劳动分工的直接结果。

工场手工业的出现导致了工人和雇主之间的改变。资本家和工人之间出现了一种货币关系。

最终，师傅与工头之间的宗法关系被打破了。

贸易和工场手工业造就了大资产阶级。小资产阶级则集中在城镇的行会里，且不得不屈从于商人和手工业工场主的霸权。

这一阶段开始于 17 世纪中叶，并一直持续到 18 世纪末。

这就是从封建主义到商业资本和工场手工业发展过程的一个概要。①

牛顿活动的时期处于私有财产发展历史的第二个阶段。

因此，我们将首先考察商业资本出现和发展所提出的历史要求。

然后，我们将考察经济的新近发展提出了哪些技术问题，以及哪些复杂的物理问题和知识对于解决这些技术问题是至关

156

---

① 以上段落总结自马克思和恩格斯的《德意志意识形态》第一卷中的"交往和生产力"一节。(《马克思恩格斯选集》第一卷，北京：人民出版社，1972 年，第56—68 页）——译者注

重要的。

我们将集中讨论三个突出的领域，它们在我们考察的社会、经济体制中占有决定性地位。这三个领域是交通、工业以及战争。

交通设施

中世纪初期，贸易已经发展到了相当高的水平。然而，陆路交通却处于非常糟糕的状况。道路狭窄，甚至连两匹马都不能并行通过。理想的道路是可以容纳三匹马并行通过，按照当时（14世纪）的说法，"新娘乘车走一趟，最好不与灵车撞"。

一般来说，货物是装在包裹里运输的。道路建设几乎不存在。狭隘的封建经济没有给道路建设的发展以任何推动。相反，商业运输所经之地，无论是封建贵族还是当地居民都乐于维持道路的糟糕状况，因为他们对从马车或包裹中掉落到他们土地上的任何东西拥有所有权。

14世纪的陆路运输速度每天不超过8—11千米。

海运和水运自然占据了重要的地位，因为船舶的承载能力更大，它的运输速度也更快：10—12头牛拉的最大的两轮货车所能运载的货物不到两吨，而一艘普通大小的船可以运载多达600吨以上的货物。14世纪期间，从君士坦丁堡（Constantinople）到威尼斯（Venice）走陆路的时间是走海路的3倍。

尽管如此，这一时期的海运也非常不完善：由于尚未发明在开阔海域确定船只位置的可靠方法，他们只能沿海岸线航行，这极大地减慢了运输的速度。

尽管早在 1242 年，阿拉伯《商人宝鉴》（*The Merchant's Treasury*）一书就提到了航海罗盘，但直到 16 世纪后半叶，它才开始得以普遍使用。航海地图大约也出现在同一时期。

但是，只有在船舶的位置能够被准确测定时，即可以确定其经纬度时，罗盘和航海图才能得到合理的利用。

商业资本的发展打破了中世纪城镇和乡村公社的隔绝，显著地扩展了地域范围，极大地加速了生活节奏。它需要便利的交通道路，完备的交通工具，更加准确的时间测算，尤其考虑到不断加快的交易速度，需要精确的计算工具和测量工具。

157

水运受到特别关注：海运是连接各国的纽带，而河运是内部连接的纽带。

由于古代的水道一直是最便捷，也是被调查最多的交通设施，这也有助于河运的发展，并且城镇的自然发展也与河运交通体系密切相关。河运的价格仅为车辆转运的1/3。

运河的开凿也发展起来，作为国内运输的一种补充手段，并作为一种将海运和内河体系连接起来的手段。

于是，商业资本的发展为运输业提出了以下技术问题。

水运领域 [①]

1. 增加船舶的吨位和速度。

---

① 俄文版中没有这个标题。——译者注

2. 改进船舶浮力：更大的稳定性，适航性，更小的摇摆幅度，驾驶灵活及调动随意，这对军舰来说尤其重要。

3. 确定海上位置的简单可靠的方法：测定经度、纬度、磁偏转和潮汐次数的方法。

4. 完善内陆水路，并将其与海洋连接；修建运河和水闸。

让我们思考一下解决这些技术问题所必需的物理学前提。

1. 为了增加船舶的吨位容积，就必须了解有关物体在流体中漂浮的基本规律；为了估算船舶的吨位容积，就必须了解估算其排水量的方法。这些都是流体静力学的问题。

2. 为了提高船舶的浮力，就必须了解物体在流体中的运动规律，这是物体在介质中运动规律的一个方面，这是流体动力学的基本问题之一。

158　　船舶摇摆时的稳定性问题是质点力学的基本问题之一。

3. 纬度的确定问题在于对天体的观测，它的解决依赖于光学仪器的存在，以及有关天体图和天体运动的知识——天体力学。

经度的确定问题可以借助经线仪得以方便、简单地解决。但直到 18 世纪 30 年代，经线仪才依照惠更斯（Huygens）的制作而发明出来。在此之前，经度是通过测量月亮和恒星之间距离来确定的。

这种方法是韦斯普奇（Amerigo Vespucci）于 1498 年提出的，它要求有关月球运动近地点距离的准确知识，这成为天体力学中最为复杂的问题之一。根据所在地和月亮的位置确定潮汐次数要求有关引力理论的知识，这也是一个力学问题。

早在牛顿基于引力理论给出关于潮汐的一般理论之前，这一问题的重要性就已经显而易见了。1590 年，斯特文（Stevin）依据月亮的位置绘制图表，给出了任何指定位置的潮汐时间。

4. 修建运河和水闸需要了解流体静力学的基本规律，即关于液体流动的规律，因为必须计算水压和水流速度。1598 年，斯特文在研究水压问题时，已经发现水可以给容器底部施加一个大于自身重量的压力。1642 年，卡斯特利（Castelli）发表了一篇关于运河各段水流情况的专题论文。1646 年，托里拆利（Torricelli）进行了液体流动理论的研究。

我们可以看到，运河和水闸的修建问题也给我们带来了力学问题（流体静力学和流体动力学）。

工业

中世纪末期（14—15 世纪），采矿业已发展成为大工业。交易的增加刺激了金银矿山开采和货币的发展。对黄金的渴求驱动了美洲的发现，对黄金的需要也引发了开发金银矿山和其他金银来源的特别兴趣，这是由于 14—15 世纪期间蓬勃发展的欧洲工业，以及由之所产生的商业，增加了对交易手段的需求。

随着火器的发明和重型火炮的传入，军事工业取得巨大进展，其蓬勃发展强有力地刺激了铁矿和铜矿的开采。到 1350 年，火器已成为东欧、南欧和中欧军队中所惯用的武器。

15 世纪，重型火炮已发展到相当高的水平。16—17 世纪，

159

军事工业对冶金工业提出巨大需求。仅 1652 年的 3 月和 4 月，克伦威尔（Cromwell）就订购了 335 门加农炮，12 月又追加了 1500 支枪，总重量高达 2230 吨，此外还要 117000 枚炮弹和 5000 枚手榴弹。

由此便可以明了，为什么以最有效的方式开采矿山会成为当时的头等大事。

矿井的深度是一个主要的问题。矿井越深，作业难度越大、越危险。

抽水、矿井的通风和把矿石运到地面需要一系列设备。还必须知道如何正确地建造矿井和规划开采工作。

16 世纪初，采矿业已经达到了相当高的发展水平。阿格里科拉（Agricola）留有一部详尽的采矿百科全书，通过这本书人们可以看到采矿业已经采用了多少种技术设备。

为了提升矿石和排水，建造了起重机和水泵（卷扬机和螺旋起水机）；畜力、风能、水能都投入了使用。[1] 开始有了一套完整的抽水系统，因为随着矿井的加深，排水问题成为一项最重要的技术问题。

阿格里科拉在书中描绘了 3 种排水装置、7 种水泵、6 种通过舀取或桶提的方式抽水的设备，总共 16 种左右的排水机械。

采矿的发展要求大型设备来处理矿石。这里我们看到了冶炼炉、冲压轧机和金属切割机的出现。

---

[1]　此处俄文版中增加一句："为利通风设置了排风管和鼓风机。"——译者注

到了 16 世纪，采矿业已成为一个在组织上和管理上需要 160
大量知识的复杂有机体。采矿业随之发展成为一个大规模的产
业，脱离了行会制度，因此没有受到手工业萧条的影响。技术
上它是最为先进的行业，产生了中世纪工人阶级中最具革命性
的力量，即矿工。

坑道的开凿需要大量的几何学和三角学知识。自 15 世纪
起，科学工程师就开始在井下作业。

由此，交换和军事工业的发展给采矿业提出了以下技术
问题：

1. 从相当深的矿井提升矿石。

2. 矿井中的通风设备。

3. 矿井的抽水和排水设备，即水泵问题。

4. 从 15 世纪以前占主导地位的粗糙湿法生产，转变为鼓风
炉生产，它与通风一样，也提出了鼓风设备问题。

5. 借助滚压和切割机械处理矿石。[①]

让我们考虑一下作为这些技术任务之基础的物理学问题。

1. 提升矿石和建造提升设备的问题是设计绞盘、滑轮等一
系列所谓简单机械装置的问题。

2. 通风设备要求研究气流，这是空气静力学问题，反过来
也是静力学问题的一部分。

―――――――

① 此后俄文版中增加了一个技术问题："通过空气牵引和专门的鼓风机来通风。"——
译者注

3. 从矿井中抽水和建造水泵，特别是活塞水泵，需要对流体静力学和空气静力学进行大量研究。因此，托里拆利、赫里克（Herique）和帕斯卡（Pascal）研究了管道中提升液体和气压的问题。

4. 鼓风炉生产的转向立即引发了大型鼓风炉现象，包括附属的建筑、水车、风箱、滚压机及重锤等。建造水车带来流体静力学和动力学问题，这些问题如同通风用的鼓风机问题，也要求对空气运动和空气压缩进行研究。

161

5. 同其他设备的情况一样，建造由水力（或畜力）带动的压力机和重锤要求对齿轮和传输装置进行周密设计，这实际上也是力学的一个基本问题。摩擦学和精确的齿轮传输装置在磨坊中得以发展。

因此，如果我们不考虑这一时期采矿业和冶金业对化学提出的巨大要求，所有这些物理学问题都没有超过力学的边界。

战争和军事工业

1857 年，马克思在写给恩格斯的信中说，战争史更加生动地证明了我们对生产力与社会关系之间相关联的看法是正确的。

总而言之，军队对经济发展非常重要。在战争中，工匠合作的行会制度最先出现。战争中也最先有了机器的大规模应用。

甚至金属的特殊价值，以及它们作为货币在流通发展之初的角色，似乎也都是基于其在战争中的重要性。

同样，各产业部门内的劳动分工也首先在军队中付诸实践。它是整个资产阶级制度史的浓缩形式。①

自火药在欧洲广为人知（中国早在我们之前就已经开始使用）后，火器的使用便开始迅速增多。

重型火炮首次出现在 1280 年阿拉伯人围攻科尔多瓦城（Cordova）之时。14 世纪，阿拉伯人将火器传给西班牙人。1308 年，斐迪南四世（Ferdinand IV）在加农炮的帮助下攻取了直布罗陀。②

第一批重型机枪极其笨重，只能拆成零件运输。即使是小口径的武器也非常沉重，因为无论在武器和弹丸的重量之间，还是在弹丸和弹药的重量之间，都没有确立起任何比例。

然而，火器不仅用于攻城，也在战船上使用。1386 年，英国俘获了两艘用加农炮武装的战船。

15 世纪期间，火炮获得了重大改进。石弹被铁弹所代替。

---

① 以上 4 段引自《马克思致恩格斯（1857 年 9 月 25 日）》，原文为："军队的历史比任何东西都更加清楚地表明，我们对生产力和社会关系之间的联系的看法是正确的。一般说来，军队在经济的发展中起着重要的作用。例如，薪金最初就完全是在古代的军队中发展起来的。同样，罗马人的 peculium castrense 是承认非家长的动产的第一种法律形式。fabri 公会是行会制度的开端。大规模运用机器也是在军队里首先开始的。甚至金属的特殊价值和它作为货币的用途，看来最初（格林石器时代以后）也是以它在军事上的作用为基础的。部门内部的分工也是在军队里首先实行的。此外，军队的历史非常明显地概括了市民社会的全部历史。"（《马克思恩格斯全集》第二十九卷，北京：人民出版社，1972 年，第 183 页）——译者注

② 此后俄文版增加一段："火炮从西班牙传至其他国家。到 14 世纪中叶，欧洲东部、南部和中部的所有国家都使用了火器。"——译者注

加农炮完全由铁和青铜铸造。炮架和运输工具得到了改良。射击的速度也加快了。查理八世（Charles VIII）在意大利的胜利完全可以归功于这一因素。

162　　在福尔诺沃（Fornovo）战役中，法国人一小时内发射的子弹比意大利人一天内发射的子弹还要多。

马基雅维利（Machiavelli）专门撰写了《战争的艺术》（*Art of War*），以演示如何通过巧妙地部署步兵和骑兵来抵抗火炮。

当然，意大利人并不满足于此，他们发展出自己的军事工业。到了伽利略的时代，佛罗伦萨的兵工厂[①]已经达到了相当高的发展水平。

弗朗西斯一世（Francis I）把火炮编成一支单独的部队，他的火炮击溃了常胜的瑞士（骑兵）长枪队。

第一批关于弹道学和火炮理论的著作可以追溯到 16 世纪。1537 年，塔尔塔利亚（Tartaglia）[②]努力测定射弹的飞行轨道，并确定 45 度角可以达到最大射程。他还为瞄准目标编制了射表。

万努西·比林古乔（Vanucci Biringuccio）研究了铸造过程，并于 1540 年对武器生产实施了重大改进。[③]

哈特曼（Hartmann）发明了口径刻度，通过它，枪支的每一部分都可以用孔径来测量，这为枪支制造设立了一个明确的标

---

① 俄文中表述为："威尼斯的兵工厂"。——译者注
② Tartaglia Niccolo（1499—1557）意大利数学家。——译者注
③ Vanucci Biringuccio（1480—1539）意大利冶金学家。——译者注

准，并为引入有关射击的明确理论原则和经验法则开辟了道路。

1690 年，第一所炮兵学校在法国成立。1697 年，圣雷米（San-Remi）出版了第一本完整的火炮初级读本。

到了 17 世纪末，所有国家的火炮都不再具有中世纪的和行会的特征，并成了军队的一个组成部分。[①]

此后，在口径与荷弹之间的关系，口径与炮管长度和重量之间的关系，以及反冲现象方面开展了许多实验。

弹道学是与最杰出的物理学家们的工作同步进展的。

伽利略为世界贡献了子弹的抛物型弹道理论；托里拆利、牛顿、伯努利（Bernoulli）和欧拉（Euler）参与了子弹穿过空气的研究，研究了空气阻力和子弹偏向的原因。

火炮的发展反过来又导致了防御工事和堡垒建造的革命，这对工程学提出了巨大的要求。

163

17 世纪中叶，新型防御工事（土木工事和堡垒）几乎使火炮的效果归于无用，这反过来又有力地刺激了火炮的进一步发展。

战争学的发展提出了以下技术问题。

内弹道学：

1. 研究和改进火器发射时发生在火器内部的过程。

2. 研究保持火器稳定性所需的最低重量。

3. 研究舒适且准确的瞄准装置。

---

① 此后俄文版增加一段："到了 17 世纪中叶，口径和模型的多种多样、射击经验规则的不可靠以及几乎完全缺乏稳固确定的弹道原则，这些已经变得绝不能被容忍了。"——译者注

外弹道学：

4. 炮弹穿过真空的弹道。

5. 炮弹穿过空气的弹道。

6. 空气阻力对炮弹速度的依赖关系。

7. 炮弹的弹道偏差。

这些问题的物理学基础[①]：

1. 研究发生在火器内部的过程，必须研究气体的压缩与膨胀——这从根本上说是一个力学问题，且还要研究反冲现象（作用和反作用力规律）。

2. 火器的稳定性提出了研究材料强度和测试材料耐久性的问题。这一问题对建造技术也非常重要，这个问题在该特殊发展阶段，只有凭借力学方法才得以解决。伽利略在他的《数学证明》（*Mathematical Demonstrations*）中对这一问题给予了极大关注。

3. 炮弹在真空中的弹道问题在于解决重力对自由落体的作用问题，及其向前运动和自由落体运动的叠加。因此，伽利略对自由落体问题的关注不足为奇。他在《数学证明》的一开头就赞美了佛罗伦萨兵工厂，并指出这个兵工厂的工作为科学研究提供了丰富的材料，伽利略的工作与其对大炮和弹道学的兴趣之间的关联可见一斑。

4. 炮弹在空气中飞行是物体穿过抵抗介质的运动问题的一

---

① 俄文版中没有此标题，同样的表述出现在正文中。——译者注

部分，也是阻力对运动速度的依赖性问题的一部分。

5. 炮弹偏离预计轨道可能由炮弹初始速度的改变、大气密 164
度的改变所导致，也会受到地球自转的影响。所有这些都是纯
粹的力学问题。

6. 如果能够解决外弹道学问题，就可以绘制出瞄准目标
用的精确表格，并建立起关于炮弹穿过抵抗介质的弹道的一般
理论。

由此可见，如果我们不考虑火器和炮弹的实际生产过程——
这是一个冶金学问题，这一时期火炮所提出的主要问题即是力
学问题。①

现在让我们系统地考察交通、工业和采矿业发展所提出的
物理学问题。

首要的是，我们必须注意到它们都是纯粹的力学问题。

我们将非常笼统地分析商业资本成为主要经济力量且制造
业开始兴起的时期，即 16 世纪初到 17 世纪下半叶，物理学研
究的基本主题。

我们没有将牛顿的物理学著作包括在内，因为将对它们
进行单独的分析。通过呈现首要的物理学主题，我们将能够确
定在牛顿之前以及牛顿同时代，物理学最为感兴趣的问题有
哪些。

---

① 此后俄文版增加一个节标题："时代的物理学主题和《原理》的内容"。因此英文
版中有五个部分，而俄文版中有六个部分。——译者注

1. 简单机械问题、斜面和静力学的一般问题的研究者有：达·芬奇（Leonardo da Vinci，16 世纪末）、乌巴迪（Ubaldi，1577）、伽利略（1589—1609）、卡登（Cardan，16 世纪中期）和斯特文（Stevin，1587）。[①]

2. 自由落体运动和炮弹弹道的研究者有：塔尔塔利亚（Tartaglia，16 世纪 30 年代）、贝内德蒂（Benedetti，1587）、皮克罗米尼（Piccolomini，1598）、伽利略（1589—1609）、里西奥利（Riccioli，1652）、西芒托学院（The Academy del Cimente，1649）。[②]

3. 流体静力学和空气静力学规律和气压。水泵，运动物体通过抵抗介质：斯特文，荷兰水土设施工程师和检查员（16 世纪末和 17 世纪初）；伽利略，托里拆利（17 世纪前 25 年）；帕斯卡（1647—1653）；格里克（Guericke），古斯塔夫斯·阿道弗斯（Gustavus Adolphus）军队中的军事工程师，也是一位桥梁和运河的修建者（1650—1663）；罗伯特·波义耳（Robert Boyle，17 世纪 70 年代）；佛罗伦萨的实验研究院（1657—1673）。

[①] 其中达·芬奇的人物时间表述有误，俄文版中更正为"15 世纪末"。另外，俄文版人物次序调整为达·芬奇、卡登、乌巴迪、斯特文、伽利略。——译者注

[②] 俄文版中表述的代表人物和年代稍有不同，如"Piccolomini（1597）""Riccioli（1651）"。另出现了"Gassendi（1649）"。Giovanni Battista Riccioli（1598—1671），意大利天文学家；Pierre Gassendi（1592—1655），法国哲学家、科学家和数学家。西芒托科学院是一个早期的科学社团，1657 年由伽利略的学生博雷利（Giovanni Alfonso Borelli）和维维安尼（Vincenzo Viviani）成立于佛罗伦萨。——译者注

4. 天体力学问题，潮汐理论。开普勒（Kepler，1609）、伽 165
利略（1609—1616）、伽森狄（Gassendi，1647）、雷恩（Wren，
17 世纪 60 年代）、哈雷（Halley，17 世纪 60 年代）、罗伯特·虎
克（Robert Hooke，17 世纪 70 年代）。

以上列举出的问题几乎涵盖了当时物理学的所有主题。

如果我们将这些主题，与我们从交通、工业与战争所提出
的技术要求中分析得来的物理学问题相比较的话，就会发现这
些物理学问题主要都是由这些需要所定义的。

事实上，第一组问题构成了有关提升设备与传动装置的物
理学问题，它对采矿业和建筑业都十分重要。

第二组问题对火炮具有重要意义，并构成了有关弹道学的
主要物理问题。

第三组问题对矿井的排水和通风、矿石的冶炼、运河和水
闸的修建、内弹道学和船舶外形的设计等问题具有重大意义。

第四组对航海具有极其重要的意义。

所有这些问题从根本上说都是力学问题。当然，这并不意
味着物质运动的其他方面在这一时期没有得到研究。在这一时
期，光学开始发展，静电和磁力也得到了首次观测[1]。然而，
无论就其性质还是相对价值而言，这些问题的重要性都相对较

---

① 原文脚注：磁力研究直接受到世界磁场中罗盘偏移研究的影响，这是在长途航海
中最先遇到的问题。吉尔伯特（Gilbert）已经对地球磁场的问题给予了很大的关注。——
译者注

弱，它们的研究水平和数学进展远远落后于力学（除了某些对建造光学仪器意义重大的几何光学定律以外）。

而光学则从对于海上航行至关重要的那些技术问题中获得了主要的推动力。①

我们将这一时代的主要技术问题和物理学问题，与该时期占领导地位的物理学家所研究的课题进行了比较，得出的结论是，这些课题主要是由新兴资产阶级提上日程的经济与技术问题所决定的。

在商业资本时代，生产力的发展给科学提出了一系列实际任务，并迫切要求解决这些任务。

以中世纪大学为基础的官方科学，不仅没有试图解决这些问题，反而极力反对自然科学的发展。

15 世纪到 17 世纪的大学是封建主义的科学中心。它们不仅是封建传统的传承者，而且是这些传统的积极护卫者。

1655 年，在雇主与雇佣工行会组织斗争期间，索邦神学院（The Sorbonne）积极为雇主和雇主行会辩护，以"来自科学和《圣经》的证据"支持他们。

中世纪大学的整个教育体系构成了一个封闭的经院哲学系统。大学中没有自然科学的一席之地。1355 年，巴黎仅允许在假日里教授欧几里得几何学。

主要的"自然科学"课本是亚里士多德的著作，其中所有

---

① 在这一时期，光学通过望远镜问题的研究得以发展。

至关重要的内容都被删除了。连医学都被作为一门逻辑学分支来讲授。除非之前已经学习了三年逻辑学，否则任何人都不允许学习医学。诚然，参加考试时学生也会涉及一个非逻辑学的论证（即证明他本人是合法婚生子），很明显，对于了解医学来说，仅仅依靠这一非逻辑学问题是不充分的，著名的蒙彼利埃外科医生阿诺德·维伦纽夫（Arnold Villeneuve）抱怨说，即便是医学系的教授们也不能治愈患者最普通的疾病，更不会使用水蛭。

封建大学与新科学的斗争，如同垂死的封建关系与新的、进步的生产方式的斗争一样激烈。

对于他们而言，在亚里士多德那里找不到的东西就是不存在的。

当基歇尔（Kircher，17 世纪初）向某个省的耶稣会教授提议他应该通过望远镜观察新近发现的太阳黑子时，后者回答："我的孩子，那没用，我通读了两遍亚里士多德，没有发现任何太阳上有黑点的论述。太阳上没有黑点。它们或是由于你的望远镜不完善，或是由于你自己的眼睛有缺陷造成的。"①

当伽利略发明了望远镜并发现金星的相位时，商业公司转而向他购买望远镜，因为他的望远镜优于荷兰制造的望远镜，但经院哲学家则拒绝听取这些新事实。

---

① Athanasius Kircher（1602—1680），17 世纪欧洲著名学者、耶稣会士，一生著述40 多部，在比较宗教、地质和医学领域尤有建树。——译者注

伽利略在 1610 年 8 月 19 日痛苦地写道："我想，我的开普勒，我们应该嘲笑众人的极度愚蠢。你该对这学校里一流的哲学家们说些什么呢，尽管我已经一千次邀请他们来看看我的研究，但他们顽固到无以复加，从不愿哪怕是瞥一眼行星、月球或望远镜。诚如某些人充耳不闻，他们在真理的光芒前闭上眼睛。这些都事关重大，但我并不感到惊讶。这类人认为哲学是某种书本知识……真理不是在世界或自然界中寻得，而要在文本的比较中寻找。"

当笛卡尔坚决地站出来反对亚里士多德的物理学和大学中的经院哲学时，他遭到了来自罗马和索邦神学院的激烈攻击。

1671 年，巴黎大学的神学家和医学家要求政府决议，谴责笛卡尔的学说。

在一部尖锐的讽刺作品中，布瓦洛（Boileau）嘲笑了博学的经院哲学家们的要求。这部书绝好地描述了中世纪大学的状况。

即使在 18 世纪后半叶，法国耶稣会教授们仍然没有准备好接受哥白尼的理论。1760 年，莱苏尔（Lesser）和雅奎尔（Jacquier）认为，在牛顿《原理》的拉丁译本中有必要加上以下注释："在第三卷中，牛顿使用了地球运动的假设。只有以这一假设为基础，作者的设想才能得以解释。因此我们不得不以作者的名义行事。但我们公开声明，我们接受教会领袖发表关于反对地球运动的决议。"

大学几乎只培养神职人员和法学家。

教会是超越国界的封建主义中心，并且它本身就是一个大封建主，在天主教国家中拥有不少于 1/3 的土地。

中世纪的大学是教会行使霸权的有力武器。

在此时，我们上面概述的技术问题需要大量的技术知识和广泛的数学、物理学研究。

中世纪末期（15 世纪中期）是以中世纪市民所创造的工业的巨大进展为标志的。

生产变得规模更大、更加完善和更多样化。商业联系也更加发达。

恩格斯评论道：中世纪的黑夜之后，科学又开始以意想不到的速度发展起来，我们把这归功于工业的发展。[①]

自十字军东征起，工业迅猛发展，并取得了大量值得称道的新成就（冶金业、采矿业、军事工业、染色工艺），这不仅为观察提供了新材料和新的实验手段，而且使新仪器的制造成为可能。

可以说，从那时起系统的实验科学才成为可能。

此外，地理大发现为物理学（磁偏差）、天文学、气象学和植物学提供了大量以前无法获取的材料，而它最终也是由生产的利益所决定的。

---

① 引用自恩格斯的《自然辩证法》，原文为"如果说，在中世纪的黑夜之后，科学以意想不到的力量一下子重新兴起，并且以神奇的速度发展起来，那末，我们要再次把这个奇迹归功于生产。"（《马克思恩格斯全集》第二十卷，北京：人民出版社，1971 年，第 524 页）——译者注

最后，这一时期出现了一个强大的知识传播工具：印刷机。

运河、水闸和船舶的修建，矿井、巷道及其通风系统和排水系统的建造，火器和堡垒的设计和修建，弹道学问题，航海仪器的生产和设计，确定船舶位置方法的发展，所有这些都需要一种与当时大学所培养的完全不同类型的人才。

16 世纪的后半叶，约翰·马特修斯（Johann Mathesius）列举出矿山测量员所必须具备的最低限度的知识，即必须精通三角测量法和欧几里得几何学，必须具有使用罗盘的能力，这对修建巷道至关重要，必须能够计算矿井的正确布局，必须了解排水和通风设备的施工情况。

他指出建造巷道和开采矿山需要受过理论教育的工程师，因为这一工作已经远远超出了一个普通的、未受过教育的矿工的能力。

169

显然，这些都不能在当时的大学中学到。新科学，作为一门外在于大学的科学，在与大学的斗争中出现。

大学科学与服务于新兴资产阶级需要的大学以外的科学之间的斗争，是资产阶级和封建主义的阶级斗争在意识形态领域中的一种反映。

科学随着资产阶级发展而逐渐繁荣起来。资产阶级为了发展工业，需要科学来研究物体的属性和自然力的表现方式。

在此以前，科学一直是教会恭顺的婢女，不允许超越教会所设定的界限。

资产阶级需要科学，科学与资产阶级一起反抗教会。（恩

格斯）^①

这样，资产阶级与封建教会发生了冲突。

除了职业学校（培养采矿工程师、训练炮兵军官的学校）以外，新科学、新自然科学的中心是大学之外的科学社团。

17 世纪 50 年代，著名的西芒托学院（Florentine Accademia del Cimento）创立，它以实验方法研究自然为己任。成员有科学家博雷利（Borelli）和维维安尼（Viviani）。该研究院继承了伽利略和托里拆利的智识传统，并延续了他们的工作。它的座右铭是"实验，再实验"（Provare e riprovare）。^②

1645 年，在伦敦形成了一个自然科学家的学圈；他们每周一次聚集在一起讨论科学问题和新发现。这种聚会于 1661 年发展为英国皇家学会。皇家学会聚集了英国最主要和最杰出的科学家，为反对大学的经院哲学，他们以"勿轻信"（Nullius in verba）作为会训。^③罗伯特·波义耳、布鲁克纳

---

① 以上 3 段引自恩格斯的《社会主义从空想到科学的发展》（1892 年英文版导言），原文为："此外，随着中等阶级的兴起，科学也大大振兴了；天文学、力学、物理学、解剖学和生理学的研究又活跃起来。资产阶级为了发展工业生产，需要科学来查明自然物体的物理特性，弄清自然力的作用方式。在此以前，科学只是教会的恭顺的婢女，不得超越宗教信仰所规定的界限，因此根本就不是科学。现在，科学反叛教会了；资产阶级没有科学是不行的，所以也不得不参加反叛。"（《马克思恩格斯选集》第三卷，北京：人民出版社，2012 年，第 761 页）——译者注

② 俄文版对这一座右铭的解释为"在实验中验证与再验证"。——译者注

③ Nullius in verba 是古罗马诗人贺拉斯（Horace）的格言，其拉丁文的字面含义为"不要相信任何人"。约翰·伊夫林（John Evelyn）和皇家学会的其他成员在学会成立之初选择了这句话作为会训。皇家学会网站对它的解释是："这一个表述传达了研究人员抵制权威支配，以实验确定的事实核实所有陈述的决心。"——译者注

（Bruncker）^①、雷恩、哈雷和罗伯特·虎克都在学会中起到了
积极的作用。其中最为杰出的成员是牛顿。

我们看到，新兴资产阶级将自然科学服务于发展着的生产
力。作为当时最先进的阶级，它需要最先进的科学。英国大革
命极大地刺激了生产力的发展。不仅需要经验地解决特殊的问
题，而且需要建立一套综合的总结，一个坚实的理论基础，以
便用一般的方法解决由新技术发展所提出的一切物理学问题。

170   由于（正如我们已经证明的那样）基本问题都是力学问
题^②，所以对物理学问题进行百科全书式的考察就等于创造一个
一致的理论力学结构，它可以为解决天体力学和地球力学问题
提供一般方法。

这项工作落在了牛顿身上。其最重要作品命名表明牛顿为
自己设定的正是这一综合性的工作。

牛顿在《原理》（*Principia*）的导言中指出，前人已经阐明
如何在简单机器上应用力学和其他学说，他的任务不在于"讨
论各种工艺和解决特殊问题，而在于提供一套关于自然力的学
说，即自然哲学的数学原理"。

牛顿的《原理》是用抽象的数学语言阐述的，从中几乎无
法找到牛顿本人对其所提出和解决的问题与产生这些问题的技

————————

① 此处可能指的是布鲁斯特（David Brewster），英国皇家学会的历史学家和牛顿传
记作家。——译者注

② 光学也在这一时期开始发展，但光学的基本研究是从属于航海和天文学兴趣的。
值得一提的是，牛顿开始研究光谱是因为望远镜中的色散现象。

术需求之间的相互联系的阐述。

正如几何学的阐释方法不是牛顿用以做出发现的方法一样，但在他看来，几何学方法是用其他手段找到解决方案后的一件有价值的外衣，所以在一部处理"自然哲学"的作品中也不应该包含其灵感所参考的"低浅"源头。

我们将试图表明《原理》的"现实核心"正是由以上所分析的那些技术问题所组成的，并且正是它们从根本上决定了这一时期物理学研究的主题。

尽管《原理》采用了抽象的数学方法作为其阐释特征，但牛顿非但不是一位不食人间烟火的渊博学究，而恰恰是坚定地站在了时代的物理学和技术问题与兴趣的中心。

牛顿在一封写给弗朗西斯·阿斯顿（Francis Aston）的著名信件中就其广泛的技术兴趣给出了一个非常清晰的概念。这封信写于他得到教授职位后的 1669 年，也正是他完成地球引力理论的第一份大纲之时。①

牛顿的年轻朋友阿斯顿正打算游历欧洲各国，他就如何合理地利用旅程以及大陆国家有什么需要特别注意和学习之处向牛顿寻求指导。

简而言之，牛顿的忠告是：深入学习操舵装置和驾船方法；留心勘测所有他碰巧发现的堡垒，留心它们的建筑方法，

171

---

① 克拉克在 1937 年的《牛顿时代的科学与社会福利》（*Science and Social Welfare in the Age of Newton*）中指出，这封信实际上是在牛顿得到教授席位之前的几个月写的。——译者注

它们的抵抗能力，它们的防御优势，总之，使自己熟悉军事组织。研究一个国家的自然资源，特别是金属和矿石，熟悉它们的生产和提纯方法。学习从矿石种提取金属的方法。弄清楚在匈牙利、斯洛伐克和靠近埃拉（Eila）镇的波希米亚（Bohemia），或是在西里西亚不远处的波希米亚山脉是否有水里含有黄金的河流，并且搞清楚用混汞法从含有黄金的河流中提取黄金是否仍是一个秘密，还是现在已经被普遍熟知了。荷兰最近刚刚成立了一家抛光玻璃的工厂，他必须去看看。他必须学习荷兰在航行至印度途中如何保护它们的船只免于腐烂。他必须弄明白摆锤时钟能否在远洋航行中确定经度。尤其值得注意和学习的是把一种金属转化为另一种金属的方法，比如说铁转化为铜，或者任何一种金属转化为水银。据说在开姆尼茨（Chemnitz）[①]和匈牙利有金银矿山的地方，他们知道如何把铁转化为铜，方法是把铁溶解于硫酸，之后煮沸溶液，冷却后就生成了铜。20年前，具有这种特性的酸曾输入英国。现在已经得不到了。很可能是他们更愿意把这种酸留归己用，以便把铁转化为铜出售。

后面这些关于金属转化问题的忠告几乎占了这封长信的一半。

这并不值得惊讶。牛顿时代炼金术研究仍十分丰富。炼金术士通常被描绘为寻找魔法石的魔法师。实际上，炼金术与生产需要密切相关，环绕在炼金术士头上的神秘光环不应掩饰其

---

① 此地名应为匈牙利的 Schemnitz。——译者注

研究的真实属性。

金属的转化成为一项重要的技术问题，因为那时候铜矿非 172
常稀少，而战争和大炮的铸造需要大量的铜。

贸易的发展需要大量货币，而欧洲的金矿不能满足这种需
求。一方面，推动人们去东方寻找黄金；另一方面，增强了对
把普通金属转化为铜和黄金方法的探求。

牛顿少年时代就对冶金过程感兴趣。后来在铸币厂工作
时，他成功地把他的知识和经验应用于工作中。

他专心地研究炼金术经典并做了大量摘录，这表明他对各
种冶金过程都怀有极大的兴趣。

1683—1689 年，在牛顿到铸币厂工作之前，他仔细研究了
阿格里科拉关于金属的著作，金属的转化是他的首要兴趣。

牛顿、波义耳和洛克就金属转化问题有大量的通信，并相
互交换矿石转化为黄金的配方。

1692 年，曾任东印度公司主管的波义耳，与牛顿交流了将
金属转化为黄金的配方。

当蒙太古（Montague）聘请牛顿来铸币厂工作时，不仅出
于友情，而且因为他很看重牛顿对金属和冶金的知识。

有趣并值得一提的是，关于牛顿的纯科学活动的材料十分
丰富，但有关他在技术领域的活动却没有保存下任何资料。

牛顿在铸币厂活动的材料甚至没有留下来，尽管众所周
知，他为完善钱币铸造和冲压过程做了很多工作。

专门研究牛顿在铸币厂的技术活动的莱曼·纽威尔

（Laymann Newell）在纪念牛顿二百周年诞辰时，请铸币厂厂长约翰逊上尉（Captain Johnson）提供牛顿在铸造和冲压技术领域的材料。约翰逊上尉回复说有关牛顿这方面的工作没有保存下任何材料。只知道牛顿在 1717 年向财政部长官提交了一份关于复本位制和不同国家金银比值的详尽备忘录。这本备忘录表明牛顿的兴趣并不仅限于货币生产的技术问题，而是扩展到货币流通的经济问题。

173　　牛顿积极参与历法修订并成为历法修订委员会的顾问，他在一篇名为《关于修订朱利安历法的观测资料》的文章中建议对历法进行彻底改革。

所有我们引证的这些事实，都与文献中牛顿的传统形象相反，这种传统把牛顿描绘成远远超脱于他那个时代一切"世俗的"技术和经济利益，仅仅在抽象思想的苍穹之中翱翔的奥林匹斯神。

如上所述，应当说《原理》的确为如此看待牛顿提供了理由，但在我们看来，它与事实完全相反。

如果与以上我们简要勾勒出的兴趣范围相对比，不难看到它几乎包含了牛顿时代的运输利益、商业利益、工业利益以及军事利益所带来的全部问题，我们在前文已有总结。

现在让我们转向对牛顿《原理》内容的分析并考察它们与那一时期的物理研究主题有什么关系。

运动的定义、公理、法则是力学的理论基础和方法基础。

该书第一卷是对向心力的影响下运动一般规律的详细说明，

这样牛顿初步完成了由伽利略开创的确立力学一般原理的工作。

牛顿的定律提供了解决大多数力学问题的一般方法。

该书第二卷是关于物体的运动问题，处理一些与上述复杂问题有关的问题。

第二卷的前三部分是关于物体在阻滞介质中的运动问题，以及阻力与速度的相关性的各种例子（阻力与速度的一次方和二次方成正比，阻力部分与速度成正比，部分与速度的平方成正比）。

如上所示，在分析弹道学的物理问题时，牛顿提出和完成的任务对外弹道学具有根本性意义，而弹道学的发展与重炮的发展相联系。[①]

该书第二卷第五部分是关于流体静力学的基本原理和漂浮物体的问题。这部分还讨论了气体的压力、压缩以及液体的压力问题。

当分析建造船舶、运河、抽水和通风设备所提出的技术问题时，我们看到这些问题的物理方面关系到流体静力学和空气静力学的基本原理。

第六部分是关于摆的运动和阻力问题。

1673年，惠更斯发现了摆在真空中振幅的数学和物理学规律，并运用到摆锤时钟的建造中。

174

---

① 此前俄文版中增加一句："在对第一部分的注释中，牛顿说明了线性情况的数学性要大于物理性，并且对所观察到的物体在空气中的实际运动情况进行了详细的考察。"——译者注

我们从牛顿给阿斯顿的信中可以看到摆钟在经度判定中的重要性。摆钟在经度判定中的应用让惠更斯发现离心力和重力加速度的变化。

1673 年，当瑞奇（Riche）把摆钟从巴黎带到卡昂（Caen）时，摆钟慢了下来，惠更斯立即通过重力加速度的改变解释了这一现象。他的代表作《摆钟论》（*On Pendulum Clocks*）证实了他本人对于钟表的重视。

牛顿延续了这一工作，当时他的关注点正从阻滞介质中物体在线性阻力下运动的数学情况转向运动的实际情况，所以他从对数学摆体的研究转向了对阻滞介质中摆体实际运动情况的研究。

该书第二卷第七部分是关于流体的运动及抛射体所遇到的阻力问题。

这部分考察的是流体动力学问题，比如液体的流出和水流通过试管的流速。如上所示，所有这些问题都是建造和装备运河与水闸、规划抽水设备的关键。

这部分还研究了落体穿过阻滞介质（水和空气）的规律。如我们所知，这些问题在判定抛物轨道和炮弹弹道时具有相当重要的作用。

175 　《原理》的第三卷致力于"世界体系"。它联系海上航行中航海经线仪的不规则运动和潮汐等问题，考察行星运动，月球运动及其异常，重力加速度及其变化。

正如我们上文所提到的，在航海经线仪发明以前，月球

的运动对于确定经度至关重要。牛顿不止一次地回到这一问题
（1691年）。研究月球的运动规律对于编制判定经度的精确表格
至关重要，英国的"经度委员会"为研究月球运动的工作设立
了高额奖金。

1713年，议会通过了一项特别法案鼓励进行经度确定研
究。牛顿是议会委员会的杰出成员之一。

正如我们在分析第六部分时指出，钟摆运动的研究开始于
惠更斯，它对航海意义重大。因此，牛顿在第三卷中研究了秒
摆问题，并分析了一系列远洋探险中的时钟运动：1677年，哈
雷（Halley）远航至圣赫勒拿（St. Helena）；1682年，梵伦纳
（Varenne）和海斯（De Hais）远航至马提尼克岛（Martinique）
和瓜德罗普岛（Guadeloupe）；1697年，卡普（Couple）远航至
里斯本（Lisbon）等地，还有1700年的美洲航行。

当讨论潮汐的成因时，牛顿分析了不同港口和河口的潮
汐高度，并根据当地的港口情况和水流形式讨论了潮汐的高度
问题。

即使是这一粗略的调查也能够表明，由那一时期的经济和
技术需求所带来的物理学主题与《原理》的内容是完全重合的，
严格来说，它概括了一系列主要的物理问题，并提供了系统的
解决方案。由于所有这些问题都属于力学问题，所以很明显牛
顿的主要工作正是为地球力学和天体力学打下基础。

176 **三、英国革命期间的阶级斗争和牛顿的哲学观**[①]

然而，假若我们着手引述物理学家们研究过的每一个问题，以及他们所解决的每一个问题，就会使我们的目的过于简单化。

根据历史唯物主义的观点，历史进程的最终决定因素是现实生活的生产与再生产。

但这并不意味着经济因素是唯一的决定因素。马克思和恩格斯曾严厉地批评巴斯（Barth），正是因为他对于历史唯物主义的理解过于粗糙。[②]

经济状况是基础。但理论的发展和科学家个人的工作也会受各种上层建筑的影响，比如阶级斗争的政治形式和结果，以及这些斗争在参与者头脑中的反映——体现在其政治、司法、哲学理论以及宗教信仰及其随后发展成的教条体系中。

因此，当分析物理学主题时我们选取了最主要、最关键的问题，这是那一时代的科学家们都集中关注的问题。但是，要理解牛顿的工作是怎样进行和发展的，要解释他在物理学与哲学方面工作的所有特点，以上对这一时代经济问题的一般分析是不够的。我们必须更彻底地分析牛顿所处的时代、英国革命

———————

① 俄文版此处表述为："英国革命期间的阶级斗争和牛顿的世界观"。

② 引自《恩格斯致康·施米特（1890 年 8 月 5 日）》："既然这个人还没有发现，物质生存方式虽然是始因，但是这并不排斥思想领域也反过来对这些物质生存方式起作用，然而是第二性的作用，那么，他就决不能了解他所谈论的那个问题了。"（《马克思恩格斯选集》第四卷，北京：人民出版社，1995 年，第 691 页）——译者注

期间的阶级斗争以及这些斗争反映到当时人们头脑中的政治、哲学及宗教理论。

当欧洲摆脱中世纪的束缚时，新兴的城镇资产阶级是革命的阶级。它在封建社会中的地位对其而言已过于狭窄，它的进一步自由发展已与封建制度不能相容。

欧洲资产阶级与封建主义的伟大斗争在三场重要的决定性战役中达到了顶峰：德意志改革，及随后弗朗茨·济金根（Franz Zikkengen）的政治起义和德国农民战争；1649—1688 年的英国革命；法国大革命。

然而，1789 年的法国大革命和英国革命之间有很大区别。

177

英国的封建主义自玫瑰战争时代起就已经开始被削弱了，17 世纪初的英国出现了一批新贵族。出席 1621 年议会的 90 位贵族中有 42 人是从詹姆士一世（James I）那里得到贵族身份的，而其他人的头衔最远仅可以追溯到 16 世纪。

这解释了贵族阶级与斯图亚特第一王朝之间的密切关系。新贵族的这一特征使之更容易与资产阶级妥协。

城市资产阶级开启了英国革命，而中产阶级农民（自耕农）把它带向胜利的结局。

1689 年①，新兴资产阶级和以前的大封建地主达成了妥协。自亨利七世以来，英国贵族不再反对发展工业，相反，他们设法从中获取利润。

---

① 此处俄文版中时间表述为"1688 年"。——译者注

资产阶级在英国变成了公认的统治阶级，尽管只是统治阶级的一小部分。

1648 年，资产阶级与新贵族共同对抗君主政体、封建贵族和统治教会。

在 1789 年的法国大革命中，资产阶级联合人民共同反抗君主政体、贵族和统治教会。

在这两场革命中，资产阶级都是实际领导运动的阶级。

无产阶级和那些城市居民中不属于资产阶级的社会阶层，尚没有异于资产阶级的利益，也没有形成一个独立发展的阶级或阶级的一部分。

因此，尽管他们起而反抗资产阶级，比如，1793 年到 1794 年在法国，他们的斗争也只是为了资产阶级利益的实现，尽管不是以资产阶级的方式。

整个法国恐怖时期就是以平民的方式应对大革命的敌人：专制主义和封建主义。英国革命期间的平等运动也是同样的情况。

1648 年和 1789 年的革命不是英国革命或法国革命。它们是欧洲革命。它们不仅代表一个特定阶级对古老政治体系的胜利，还预言了一个新欧洲社会的政治体系。

178　　"资产阶级在两次革命中取得了胜利。然而，当时资产阶级的胜利即是新的社会秩序的胜利，是资产阶级所有制对封建所有制的胜利，是民族对地方主义的胜利，是竞争对行会制度的胜利，是土地分配制对长子继承制的胜利，是土地所有者支配土地制对土地所有者隶属于土地制的胜利，是启蒙对迷信的胜利，家庭对宗族的胜利，进取精神对游侠怠惰的胜利，资产阶级法权对中世纪特权的胜利。"①

1649—1688 年的英国革命是一场资产阶级革命。

它赋予"资本家和地主投机商"以权力。②复辟绝不意味着封建体系的重新确立。相反，复辟期间的土地所有者破坏了封建制度的土地关系。本质上说，克伦威尔做了新兴资产阶级要做的事。作为自由无产阶级产生的前提，人民的贫困化在大革命后期特别明显。正是统治阶级的这种变化才使革命的真正意义得以发现。随后形成的新经济体系产生了一个新的统治阶

---

① 以上 5 段来自马克思的《资产阶级和反革命》，原文为："在这两次革命中，资产阶级都是实际上领导运动的阶级。无产阶级和那些不属于资产阶级的城市居民阶层，不是还没有与资产阶级不同的任何单独的利益，就是还没有组成为一些独立发展的阶级或一个阶级的几个部分。因此，在它们起来反对资产阶级的地方，例如 1793 年和 1794 年在法国，它们只不过是为实现资产阶级的利益而斗争，虽然它们采用的是非资产阶级的方式。全部法兰西的恐怖主义，无非是用来消灭资产阶级的敌人，即消灭专制制度、封建制度以及市侩主义的一种平民方式而已。

1648 年的革命和 1789 年的革命，并不是英国的革命和法国的革命；这是欧洲范围的革命。它们不是社会中某一阶级对旧政治制度的胜利；它们宣告了欧洲新社会的政治制度。资产阶级在这两次革命中获得了胜利；然而，当时资产阶级的胜利意味着新社会制度的胜利，资产阶级所有制对封建所有制的胜利，民族对地方主义的胜利，竞争对行会制度的胜利，财产分配制对长子继承制的胜利，土地所有者支配土地对土地所有者隶属于土地制的胜利，教育对迷信的胜利，家庭对宗族的胜利，进取精神对游侠怠惰风气的胜利，资产阶级法权对中世纪特权的胜利。"（《马克思恩格斯全集》第六卷，北京：人民出版社，1961 年，第 124—125 页）——译者注

② 引自《资本论》(第一卷第 24 章)"所谓原始积累"，原文为："'光荣革命'把地主、资本家这些谋利者同奥伦治的威廉三世一起推上了统治地位。"（《马克思恩格斯全集》第二十三卷，北京：人民出版社，1972 年，第 791 页）——译者注

级。这是马克思的阐释与那些传统的英国历史学家，特别是休谟（Hume）、麦考利（Macaulay）的主要分歧之处。

休谟像一个真正的保守派一样，仅仅从秩序的破坏和重建方面考察 1641 年革命、斯图亚特王朝复辟和 1688 年革命的重要性。

他激烈声讨第一次革命带来的剧变，认为复辟是秩序的重建并表示欢迎。他赞同 1688 年革命，认为它是拥护宪法的行动，尽管他认为这次革命并不是简单地恢复了以前的自由。它开启了一个新的宪法时代，赋予"流行原则以支配地位"。

麦考利认为 1688 年革命与第一次革命密切相关。但对他而言 1688 年革命是"光荣革命"，仅仅因为它是拥护宪法的。

1848 年革命之后，他立即书写了 1688 年的历史，他对无产阶级和它可能胜利的恐惧随处可见。他带着自豪的喜悦讲述道，当詹姆士二世（James II）被剥夺王位时，议会逐条遵守了所有惯例，甚至按仪式规定穿着长袍坐在古老的大厅里。

法律和宪法被视为与统治阶级无关的、非历史性的真理，这种观点使人们不能理解革命的真实本质。

179　　　这就是英国革命之后的阶级力量分配。英国革命前后的基本哲学倾向是：唯物主义，起源可追溯到培根，在牛顿时代的代表人物是霍布斯（Hobbes）、托兰德（Tolland）、奥弗顿（Overton），以及洛克；唯心主义感觉论，代表人物为贝克莱（Berkeley）[穆尔（H. Moore）与此密切相关]；此外，还有一种相当强大的道德哲学和自然神论趋势，代表人物是夏夫兹博里（Shaftesbury）和博林布鲁克（Bolingbroke）。

所有这些哲学趋势都在阶级斗争的复杂条件下生存和发展着，前文中我们已经勾勒出了阶级斗争的主要特点。

自改革开始之时，教会就成为君主权力的主要堡垒。教会组织是国家系统的一个组成部分，君主是国教的首脑。詹姆士一世喜欢说："没有主教就没有国王。"

英国国王的任何一个国民都属于国教。任何不属于它的人都被视为对国家犯下罪行。

反对君主绝对权力的斗争同时也是反对占统治地位的国教的中央集权和专制主义的斗争，因此，新兴资产阶级是在争取宗教民主和宽容的旗帜下展开反抗专制主义和封建主义的政治斗争的。

"清教徒"这一集体名词适用于所有支持净化统治教会，并促使其民主化的人。然而，必须把清教徒中比较激进的独立派教徒运动与比较保守的长老会教徒运动区别开来。这两场运动形成了政党的基础。

长老会教徒的支持者主要是富裕商人和城市资产阶级。独立派则从乡村和城市的民主主义者那里吸收拥护者。

因此，无论资产阶级反抗专制主义的斗争，还是资产阶级与农民阶级不同倾向之间的斗争，都在宗教的外衣下发动。

资产阶级的宗教倾向通过英国唯物主义学说的发展得到了进一步强化。

让我们简单回顾一下这一时期唯物主义发展的主要阶段和

最重要的代表。

180　　　培根是唯物主义之父。他的唯物主义是在与中世纪经院哲学家的斗争中产生的。他想把人性从旧的传统偏见中释放出来并创造一种控制自然力的方法。他的学说中隐藏着多方面发展的种子。"物质带着诗意的感性光辉对人的全身心发出微笑。"（马克思）[1]

在霍布斯手中唯物主义变得抽象和片面。霍布斯没有发展培根的唯物主义，而仅仅是把它系统化了。

感性失去了它鲜明的色彩而变成了几何学家抽象的感性。所有种类的运动都成为机械运动的牺牲品。几何学被宣布为主要的科学（马克思）。[2]唯物主义被挖去了活的灵魂，它变得与人类为敌。抽象的、计算的、形式上数学的唯物主义不能激励革命行动。

这就是为什么霍布斯的唯物主义理论和其帝王观点与为专制主义的辩护相一致的原因。1649 年革命胜利以后，霍布斯被

---

[1]　引自《神圣家族》，原文为："唯物主义在它的第一个创始人培根那里，还在朴素的形式下包含着全面发展的萌芽。物质带着诗意的感性光辉对人的全身心发出微笑。"（《马克思恩格斯全集》第二卷，北京：人民出版社，1957 年，第 163 页）——译者注

[2]　引自《神圣家族》，原文为："唯物主义在以后的发展中变得片面了。霍布斯把培根的唯物主义系统化了。感性失去了它的鲜明的色彩而变成了几何学家的抽象的感性。物理运动成为机械运动或数学运动的牺牲品；几何学被宣布为主要的科学。唯物主义变得敌视人了。为了在自己的领域内克服敌视人的、毫无血肉的精神，唯物主义只好抑制自己的情欲，当一个禁欲主义者。它变成理智的东西，同时以无情的彻底性来发展理智的一切结论。"（《马克思恩格斯全集》第二卷，北京：人民出版社，1957 年，第 163—164 页）——译者注

流放。

但除了霍布斯的唯物主义以外，还有另一种唯物主义运动，这场运动与平等派的真正革命运动密不可分。运动的领导者是理查德·奥弗顿（Richard Overton）。

理查德·奥弗顿是平等派领导人约翰·利尔本（John Lilburn）—— 一个革命思想的热情解说者和卓越的政治宣传册作家——的忠诚伙伴。与霍布斯截然相反，奥弗顿是一个实践的唯物主义者和革命者。

这个斗士和哲学家的命运非常奇特。霍布斯的名字广为人知，在所有的哲学教科书中都可以找到，但无论在最详尽的资产阶级哲学初级读本中，甚至在最全面的传记式百科全书中，人们都找不到关于奥弗顿的只言片语。[①]

理查德·奥弗顿著述不多。他经常投笔从戎，变哲学为政治。他的论著《人必将死亡》（*Man Wholly Mortal*）1643 年出了第一版，1655 年出了第二版。这是一个鲜明的唯物主义和无神论作品。它甫一出版就备受责难，并被基督教长老会禁止。

长老会的集会宣言"反对无信仰与异端"把所有的诅咒都置于奥弗顿的头上。宣言声称："理查德·奥弗顿是否认灵魂不朽的可怕唯物主义信条的主要代表，是'关于人的死亡'一书的作者。"

我们不准备细谈奥弗顿学说和它的命运——这是英国唯物

181

---

① 此处俄文版中增加一句："这就是资产阶级对政敌的报复。"——译者注

主义历史上非常有趣的一页——而仅仅提及出版物中所涉及的一点，在那里奥弗顿非常清楚地阐释了其唯物主义信条的基本原则。

当批评肉体是惰性物质，与积极的、富有创造力的心灵相对立时，奥弗顿写道：

> 形式是物质的形式，物质是形式的物质。它们中任何一方都不能自己单独存在，而是必须依附于彼此，合二为一才能成为存在。

> 任何被创造的事物都是元素性的（注：奥弗顿在古希腊的意义上运用"元素"这一术语——水、空气、土）。但是任何被创造出来的事物都是物质性的，因为不是物质性的东西就是虚空。

与英国不同，唯物主义在法国土壤上是法国共和党人和恐怖主义者的理论标准，构成了《人权宣言》的基础。

在英国，奥弗顿的革命唯物主义仅是一个极端组织的学说，主要的斗争是在宗教的外衣下进行的。

英国唯物主义被霍布斯鼓吹为最适合科学家和受过教育的人的哲学，相反，宗教对于没受过教育的群众，包括资产阶级，已经足够好了。

被剥夺了实际的革命本质的唯物主义与霍布斯结合，开始为国王的权威和专制主义辩护，鼓励对人民的镇压。

甚至在博林布鲁克和夏夫兹博里那里，唯物主义的新自然神论形式仍是一种深奥的、贵族化的学说。

因此霍布斯"憎恶人类的"唯物主义为资产阶级所憎恶，不仅因为它是宗教异端，还因为它与贵族政治相联系。

所以，同贵族的唯物主义和自然神论相反，过去曾经为反对斯图亚特王朝的斗争提供旗帜和战士的新教教派，继续提供了进步的中间阶级的主要战斗力量（恩格斯）。[①]

但对资产阶级而言，比霍布斯深奥的唯物主义更可恶的是奥弗顿的唯物主义，这种唯物主义是反抗资产阶级的政治斗争的旗帜，它成了富有斗争精神的无神论，勇敢地反对宗教最根本的部分。[②]

牛顿是新兴资产阶级的典型代表，他的世界观体现出其阶级的典型特征。我们完全可以把恩格斯对洛克的描述用到他身

182

---

① 以上 5 段引自恩格斯的《社会主义从空想到科学的发展》（1892 年英文版导言）"还有另一种情况也助长了资产阶级的宗教倾向。这就是唯物主义在英国的兴起。这个新的学说，不仅震撼了中等阶级的宗教情感，还自称是一种只适合于世上有学问的和有教养的人们的哲学，完全不同于适合于缺乏教养的群众以及资产阶级的宗教。它随同霍布斯起而维护至高无上的王权，呼吁专制君主制镇压那个强壮而心怀恶意的小伙子，即人民。同样地，在霍布斯的后继者博林布罗克、舍夫茨别利等人那里，唯物主义的新的自然神论形式，仍然是一种贵族的秘传的学说，因此，唯物主义遭受中等阶级仇视，既是由于它是宗教的异端，也是由于它具有反资产阶级的政治联系。所以，同贵族的唯物主义和自然神论相反，过去曾经为反对斯图亚特王朝的斗争提供旗帜和战士的新教教派，继续提供了进步的中等阶级的主要战斗力量，并且至今还是'伟大的自由党'的骨干。"（《马克思恩格斯选集》第三卷，北京：人民出版社，2012 年，第 765 页）——译者注

② 此处俄文版中增加了一句："正是在这些境况下，牛顿的世界观形成了。"——译者注

上。他也是 1688 年阶级妥协的典型产物。[①]

牛顿是一个小农场主的儿子。在被指定为造币局局长（1699年）以前，他在大学和社会中的地位都非常普通。从他的社会关系来看他也属于中产阶级，但从哲学方面来看，他与洛克、克拉克（Samuel Clarke）、本特利（Bentley）最为接近。

在宗教信仰方面牛顿是一个新教徒。[②]他是宗教民主与宽容的热情拥护者。我们之后将会看到牛顿的宗教信仰是其世界观的一个组成部分。

在政治观点上，牛顿属于辉格党。在二次革命期间，牛顿代表剑桥成为 1689—1690 年的国会议员。当在可否宣誓效忠于"非法统治者"——奥伦治的威廉（William of Orange）的问题上发生冲突时（在剑桥，这一事件甚至发展为一场骚乱），牛顿作为代表剑桥大学的国会议员，坚持宣誓效忠威廉的必要性，并承认他为国王。

他在给考威尔（Cowell）博士的信中，列举了三条支持宣

---

① 引自《恩格斯致康·施米特（1890 年 10 月 27 日）》，原文为："例如在哲学上，拿资产阶级时期来说这种情形是最容易证明的。霍布斯是第一个现代唯物主义者（18 世纪意义上的），但是当专制君主制在整个欧洲处于全盛时代，并在英国开始和人民进行斗争的时候，他是专制制度的拥护者。洛克在宗教上和政治上都是 1688 年的阶级妥协的产儿。英国自然神论者和他们的更彻底的继承者法国唯物主义者都是真正的资产阶级哲学家，法国人甚至是资产阶级革命的哲学家。在从康德到黑格尔的德国哲学中始终显现着德国庸人的面孔——有时积极地，有时消极地。"（《马克思恩格斯选集》第四卷，北京：人民出版社，1995 年，第 703 页）——译者注

② 此处俄文版中增加了半句："并且有很多理由可以推测他属于索齐尼教派。"——译者注

誓效忠于奥伦治亲王威廉的理由，这是为了消除大学中那些曾宣誓效忠于被废黜的国王的人的疑虑。

牛顿的论点和论据让人强烈地想起前文所提过的麦考利和休谟的观点。

牛顿的思想是其阶级的产物，他的这种意识形态特征解释了为什么隐藏在《原理》中的唯物主义萌芽没有像笛卡尔的物理学那样，发展成完备的机械唯物主义体系，而是与他的唯心的和神学的信条混杂在一起，牛顿物理学的唯物成分在哲学上甚至从属于这些唯心和神学信条。

《原理》的重要性不仅限于技术问题。正如书名所示，它形成了一个体系，一个世界观。因此，仅限于分析《原理》内容去确定它与那一时期为新兴资产阶级服务的经济和技术之间的内在联系是不正确的。

现代自然科学的独立得益于它从目的论中解放出来。它仅认可对自然的原因探究。

183

文艺复兴时期的一个战斗口号是："真正的知识是建立在因果关系上的知识"（vere scire per causas scire）。

培根强调目的论是最危险的谬论。事物之间的真正联系建立在机械因果关系上。"自然界只知道机械因果关系，我们所有的努力都应该朝向对它的研究。"

机械论的宇宙观必然导致机械论的因果观。笛卡尔宣称因果律是"一个永恒的真理"。

在英国的土壤上，尽管机械决定论与宗教信条交织在一起

（"基督教必然派"，普里斯特利属于这一教派），它仍然为一般人所接受。这一在英国思想家身上特别典型的奇特结合也存在于牛顿身上。

机械因果律作为对自然进行科学研究的唯一和基本原则被普遍接受为应归功于力学的强大发展。牛顿的《原理》就是这一法则在我们行星系统上的宏大应用。"古老的目的论已经见鬼去了"，但目前仍局限于无机自然及地球与天体力学的范围内。[①]

《原理》的基本思想存在于这一概念中，即行星的运动是两种力联合的结果：一个是指向太阳的力，另一个是最初推动力。牛顿把这一最初推动力留给了上帝。（恩格斯）[②]

上帝和因果律在宇宙统治中的这一独特的"劳动分工"是英国哲学家把宗教信条与唯物主义机械因果律相交织在一起的方式所特有的。

接受运动的形式，而拒绝物质运动出于自因，不可避免地把牛顿带向第一推动力的概念。从这一角度来说，牛顿体系中

[①] 引自恩格斯的《自然辩证法》，原文为："旧的目的论已经完蛋了，但是现在有一种信念是确定不移的：物质依据这样一些规律在其永恒的循环中运动，这些规律在一定的阶段上——时而在这里，时而在那里——必然地在有机物中产生出思维着的精神。"（《马克思恩格斯全集》第二十卷，北京：人民出版社，1971年，第535页）

[②] 此处俄文版中增加了半句："但禁止他（代指上帝）进一步干涉他（代指上帝）的太阳系。"引自恩格斯的《自然辩证法》，但其引用有误，原文为："牛顿还让上帝来作'第一次推动'，但是禁止他进一步干涉自己的太阳系。"（《马克思恩格斯全集》第二十卷，北京：人民出版社，1971年，第540页）

的神学概念不是偶然的，而是与他关于物质和运动的观点和关于空间的观点有机联系在一起，亨利·穆尔对牛顿空间观念的发展产生了重要的影响。

在这一点上，牛顿关于宇宙的一般哲学概念的全部弱点变得明显起来。纯粹机械因果律引出了神圣推动力的概念。机械决定论的宇宙链条的"坏的无限性"在第一推动力中终结了，由此向目的论敞开了大门。

这样，《原理》的重要性就不仅局限在纯粹的物理问题上了，而且还有重大的方法论意义。 184

在《原理》的第三卷中牛顿阐明了"宇宙概念"。第三卷的一般注释证明了神圣力量作为宇宙的组织、运动和导向因素是不可或缺的。

我们不想讨论这一注释的作者身份问题，也不想讨论科特斯（Cotes）和本特利在出版《原理》过程中扮演的角色。这一问题有大量文献在探讨，但是以下引用的牛顿的信函无可争辩地证明了牛顿的神学观点对于他的体系而言不是附加的，也不是科特斯和本特利强加给他的。

1692 年，罗伯特·波义耳去世，他每年留下 50 英镑，以便可以在英国的某个教堂中每年举办 8 场讲座，来证明基督教不可反驳，并批判无信仰。

讲座的第一轮由伍斯特教区的本特利牧师做出。他决定用第七场和第八场来论证神圣天意存在的必要性，他的证据来自创造世界的物理法则，正如牛顿在《原理》中所陈述的那样。

在准备这些演讲时，他遇到了一系列物理学和哲学难题，他要求《原理》的作者来解释这些难题。

在给本特利的四封信中，牛顿详细回答了他的问题，这些信函为研究牛顿的宇宙观提供了非常有价值的信息。

本特利向牛顿询问的主要难题在于如何批判卢克莱修（Lucretius）提出的唯物主义论证，即如果假定重力为物质内在固有的属性且物质平均分布于空间当中，就可以用纯粹的机械原则解释世界的创造。

在信中，牛顿向本特利详细指明如何反驳这种唯物主义论证。

不难看出，这次讨论的核心是关于宇宙进化论的，在这一问题上牛顿是唯物主义进化观念的坚决反对者。

185　牛顿给本特利写道："当我写《原理》的第三卷时，我特别注意那些可以向智者证明神圣力量存在的法则。"

如果物质平均地分布在有限的空间里，那么，由于地心引力的作用，它将聚集成一个大的球体；但是如果物质分布在无限的空间里，那么按照地心引力作用，它将形成不同大小的团块。

然而，无论如何也无法用自然原因解释为什么发光体——太阳——处在系统的中心，且实际上就处在它被安置的位置。

因此，唯一可能的解释是承认有一个宇宙的神圣创造者，他英明地以这种方式分布行星以使它们得到必要的光和热。

在进一步探讨行星作为一种自然因的结果能否运动时，牛顿向本特利指出，行星作为地心引力这个自然因作用的结果，是可以运动的，但是在封闭的轨道上永远不能周期性旋转，因为需要一个切向分量。因此，牛顿总结道，自然因无法解释行星的创造和实际轨道，因此，在探索宇宙结构时，全能神圣元素的存在是很明显的。

此外，当讨论太阳系的稳定性问题时，牛顿指出，系统中物体的速度和体积经过如此精心地挑选，以至它一直保持着稳定平衡，如此精心安排的体系仅可能是神圣意志的创造。

这一观念和牛顿诉诸神意作为宇宙的最高要素、创造者和最初推动力，绝不是偶然的，而是他的力学原理概念的本质结果。

牛顿的第一运动定律可以归结为物体保持其存在状态的能力。

由于牛顿仅仅考虑运动的机械形式，所以他的物质状态概念与惯性或机械位移同义。

物体在不受外力影响时，总是保持静止或匀速直线运动状态。如果一个物体是静止的，那么只有外力才可以改变它的运动状态；而如果一个物体是运动的，也仅有外力可以改变它的运动状态。

由此，运动不是物体的内在固有属性，而是一种物质可能不具备的方式。

在这种意义上，牛顿的物质在完整意义上说是惰性的。它总需要一个外在的推动力使它运动或改变、中止这一运动。

而且，因为牛顿认同一个绝对不动的空间的存在，对他而言惯性也可能是绝对的惯性，这样就存在着完全不动的物质，不仅在给定的参考框架中不动，而且在物理上也是可能的。

很明显，这样一个关于运动形式的概念必然导致外在动力的引入，牛顿用上帝填补了这一位置。

必须指出，原则上，牛顿不仅不反对通过特定的属性定义物质，而且他与笛卡尔相反，宣称密度和重量是"物质固有的属性"。

这样，否认运动是物质的属性，而仅仅把它作为一种样式（modus），牛顿有意剥夺了物质这一不可剥夺的属性，离开运动，世界的结构和创造就无法用自然因来解释。

如果我们比较牛顿与笛卡尔的观点，他们马上呈现出信仰上的不同。

后者宣称："我公开声明，在物体的本性方面，我仅承认那些可以用最清楚的方式分离出来的、可以呈现出形状和运动——数学家称之为'量'并予以论证的对象——的东西；我唯一考虑的就是分离、形状和运动，任何不能像数学陈述那样确定无疑地从这些原理中导出的都不能接受为真。通过这种方式，自然的所有现象都可以得到解释。因此，我坚信，除了上述原理以外，物理学中的其他原理既没必要也不被允许。"

在他的物理学中，笛卡尔不承认任何超自然的原因。因此，马克思指出，机械的法国唯物主义接近于笛卡尔的物理学，但反对笛卡尔的形而上学。

笛卡尔的物理学可以扮演这一角色，仅因为在他的物理

学范围内，物质代表一个单一的物体，是存在和知识的唯一基础。（马克思）①

在他的《哲学原理》第三部分，笛卡尔也给出了一幅宇宙发展的图景。笛卡尔所持立场的不同在于他根据以上提到的原理详细考察了宇宙和太阳系的历史起源。

的确，笛卡尔也仅把运动作为物质的方式，但与牛顿相反，他的至高法则是动量守恒。分离物质体可以获得或失去运动，但是宇宙当中运动的总量是永恒的。

在笛卡尔那里，动量守恒包含着运动不灭的假定。

的确，笛卡尔是在纯粹量的意义上理解不灭的。这一运动守恒定律的力学表达不是偶然的，而是源于笛卡尔与牛顿一样认为所有类型的运动都由机械位移组成的这一事实。他们不考虑从一种运动形式向另一种运动形式的转化问题，这有深刻的原因，这篇文章的第四个部分将会有所阐述。

恩格斯的伟大功绩在于他认为物质运动的过程是从一种机械运动形式向另一种机械运动形式的永恒转变。这不仅使他能够建立起辩证唯物主义的基本论点之一，比如，运动与物质的不可分性，而且把能量守恒定律和动量概念带到一个较高的

187

---

① 引自马克思和恩格斯的《神圣家族》，原文为："笛卡儿在其物理学中认为物质具有独立的创造力，并把机械运动看做是物质生命的表现。他把他的物理学和他的形而上学完全分开。在他的物理学的范围内，物质是唯一的实体，是存在和认识的唯一根据。"（《马克思恩格斯全集》第二卷，北京：人民出版社，1957年，第160页）——译者注

层次。①

笛卡尔也引入了上帝，但他的上帝仅在证明宇宙中动量守恒时才有必要。

他不仅不认同物质方面来自上帝的外在推动力概念，而且反过来认为恒定不变是神的基本属性，因此我们不能假定他的创造物中有任何非恒常性，因为在他的创造物中预期非恒常性就假定了他自身的非恒常性。

因此，笛卡尔引入神的理由与牛顿的不同，但是他的概念仍需要一个神，因为笛卡尔也没有就物质的自我运动问题保持一个完全一致的看法。

当笛卡尔和牛顿研究他们的物质和运动概念时，我们在约翰·托兰德那里也找到了一个关于物质与运动相互关联的重要唯物主义概念，尽管稍微迟了一点（17 世纪 90 年代）。

托兰德批判斯宾诺莎（Spinosa）、笛卡尔和牛顿的信仰，将主要矛头直指运动属性的概念。

托兰德在给塞壬（Sirene）的第四封信中主张："运动是物质最本质的属性，就像万有引力、不可穿透性和量纲一样与物质不可分离。它必须成为测定物质的一个组成部分。"

托兰德十分公正地断言："这是唯一能为动量守恒定律提供合理解释的概念。它解决了有关动力的所有困难。"

物质的自我运动学说在马克思、恩格斯和列宁的辩证唯物

---

① 此后俄文版中增加了一段："我们将在本文的第二部分重新讨论这个问题。"

主义那里得到了充分的发展。

整个现代物理学的发展证明了这一学说的正确性。在现代物理学中，运动与物质不可分离的观点越来越为人所接受。

现代物理学拒斥绝对惯性。

随着能量守恒与转化原理的重要性得到普遍认可，由恩格斯发展的物质运动形式之间的相互关联概念日益得到证实。它是唯一能正确理解能量转化原理的概念，因为它把这一原则的量与质综合起来，有机地与物质的自我运动统一起来。

我们上面已经指出惯性定律和惰性物质概念与牛顿绝对空间的联系。

但牛顿并没有把自己局限于空间的物理概念，而是也给出了一个哲学神学概念。

辩证唯物主义认为空间是物质存在的形式。空间和时间是所有存在物存在的根本条件，因此空间与物质不可分割。所有物质都存在于空间中，但空间仅在物质中存在。与物质分离的空的空间仅仅是逻辑或数学的抽象物，是我们头脑活动的产物，它不对应任何真的事物。

根据牛顿的理论，空间可以与物质分离，绝对空间维持着它的绝对性质，因为它独立于物质而存在。

物质体存在于空间中，就像在一种容器中。牛顿的空间不是一个物质存在的形式，而仅仅作为一个独立于那些物质体的容器独立地存在着。

这就是《原理》给出的空间概念。遗憾的是，我们不能对

这一概念进行详细分析。我们将仅仅指出这一概念与运动第一
定律密切相关。

189　　把空间确定为与物质相分离的容器之后，牛顿很自然地问
自己，这一容器的本质是什么？

在解决这一问题时，牛顿赞同穆尔的观点，即空间是"上
帝的感觉中枢"。

在这一问题上，牛顿也从根本上不同于笛卡尔，笛卡尔发
展出作为一种物质体的空间概念。

笛卡尔概念的不尽如人意之处在于他用几何对象来识别
物质。

牛顿把空间与物质相分离，笛卡尔通过把几何形式物质
化，剥夺了物质除了外延以外的所有属性。当然，这样也是不
正确的，但这一概念没有引导笛卡尔的物理学得出与牛顿一样
的结论。

没有物质的空间中有什么？牛顿在《光学》的命题 28 中
问道。自然界中的万物为何有序，世界的和谐又是怎么出现的
呢？有一个无形的、智慧的、无所不在的存在，对他而言，空
间是他的感觉中枢，他通过空间感知事物，并且理解它们的本
质，难道这不是自然本身的现象吗？

由此，我们看到在这些问题上牛顿也明显接受了神学唯心
论的观点。

因此，牛顿的唯心主义观点不是偶然的，而是与他的宇宙
观念有机联系在一起的。

当我们在笛卡尔的物理学和形而上学中发现了一个清晰的二元论时，在牛顿，特别是他的后期，却找不到任何把物理概念与哲学相分离的尝试，相反，他甚至试图在他的《原理》中论证他的宗教神学观念。

《原理》主要产生于那一时代的经济和技术需求，以及研究物质体运动法则的需要，所以这本书无疑拥有健康的唯物主义元素。

但以上所概述的牛顿哲学概念的一般缺点和他狭隘的机械决定论，不仅不允许牛顿发展这些元素，相反还把这些元素嵌入牛顿对宇宙的一般宗教神学概念的背景中去。

所以在哲学、宗教和政治观点上，牛顿是其阶级的产物。他强烈反对唯物主义和无信仰。

190

牛顿经常与洛克通信讨论各种各样的神学问题。1692 年，母亲的去世和大火中毁掉的手稿使他陷入绝望的境地，这时他给洛克写了一封鲜明阐述其哲学体系的信。

他在 1693 年 9 月 16 日的信中请洛克原谅他的这封信并原谅他曾认为洛克的体系影响了道德原则。牛顿特别请求洛克原谅他曾认为洛克是霍布斯的追随者。

这里证实了恩格斯认为霍布斯的唯物主义为资产阶级所厌恶的陈述。

更不用说奥弗顿的唯物主义——毕竟，他差不多是一个布尔什维克。

莱布尼茨在给威尔士公主（Princess of Wales）的信中谴责

了牛顿的唯物主义，因为牛顿认为空间是神的感觉中枢，神通过它来感知事物，因此事物不完全依靠神，也不为神所创造。牛顿强烈抗议这一谴责。克拉克与莱布尼茨的论战，就旨在为牛顿恢复名誉。

如果说在物理学领域内，牛顿的研究主要停留在一种运动形式，即机械位移的范围内，因此没有包含从一种运动形式向另一种运动形式的发展和转化，那么在他关于自然的整体观念内，发展的概念也是完全缺失的。

在无机界，牛顿终结了新自然科学的第一个时期。这是一个掌握可用资料的时期。在数学、天文学和力学领域他取得了巨大的成绩，尤其是完成了开普勒和伽利略的工作。

但对自然的历史观是缺席的。在牛顿那里这个系统是缺失的。在源头上是革命性的自然科学，在保守的自然面前变得停滞了，这种情况在创造出它的国家中持续了几个世纪。

牛顿不但缺乏自然的历史观，而且在他力学体系中，能量守恒定律也是不存在的。乍一看这是最不可理解的，因为能量守恒定律只是牛顿所处理的向心力问题的一个简单的数学推论。

191 此外，牛顿还考察了摆动问题，而研究摆心问题的惠更斯，为解释摆动问题，曾含糊地阐述过能量守恒定律。

很明显，不是数学天赋的缺乏和物理学视野的局限阻碍了牛顿对这一定律的阐释，牛顿甚至没有把它作为活力（vital

forces）的一个组成部分。[1]

为了对此作出解释，我们必须从马克思主义关于历史过程
（进程）的概念出发考虑这一问题。这一分析将使我们能够联系
一种运动形式向另一种的转化的问题来讨论这一问题，恩格斯
为此提供了解答。

192

四、恩格斯的能量概念和牛顿能量守恒定律的缺失

当分析牛顿的物质与运动的相互关系问题时，我们看到，
托兰德持有运动与物质不可分的观点。然而，简单地承认物质
与运动不可分割还远没有解决物质的运动形式问题。

在自然中我们观察到物质的无数种运动形式。即便不考虑
物理学所研究的物质运动形式，我们仍可以看到许多不同的运
动形式（机械的、热的、电磁的）。

力学研究的是空间中物体简单位移的运动形式。

然而，除了这一运动形式以外，我们有许多其他的物质运
动形式，与这些新的特殊的运动形式相比，机械位移落到了次
要的位置。

电子的运动法则，虽然也与机械位移相关，但不能算作空
间中的简单位移。

因此，机械的观点认为自然科学的主要任务就是把所有物

---

[1] "vital forces" 实际应为 "living force"，通常译为 "活动的力"，是莱布尼茨描述
动量守恒定律时使用的术语。——译者注

质运动的复杂集合约简为机械位移一种形式，而辩证唯物主义认为自然科学的主要任务是在相互联系、相互作用和发展中研究物质运动形式。

辩证唯物主义认为运动总是在变化的。机械位移仅仅是运动的一种形式、部分形式。

在自然界中，在真实的物质中，绝对孤立的、纯粹的运动形式是不存在的。每一个真正的运动形式，当然，包括机械位移，通常都建立在一种运动形式向另一种运动形式转化的过程中。

迄今为止，物理学仍处于研究单一运动形式，即机械运动的限度内，这构成了牛顿物理学的特征；机械运动形式和其他运动形式之间的相互关系问题还没有被真正提出来。而且当提到这一问题时，总是存在着把这种最简单且已被最充分研究了的运动形式作为运动的唯一形式和普遍形式来看待的趋势。

193

笛卡尔和惠更斯就主张如此，而实质上牛顿也把自己与之联系在一起。

在《原理》的导言中，牛顿写道："要是我们能从机械原理中推导出自然界的其余现象该有多好。"（在第三卷中牛顿从这些法则中推演出行星的运动）他继续写道："有许多理由使我猜测所有这些（自然）现象都受到某些力的制约，这些力以某些迄今未知的原因驱使物体的粒子或相互吸引积聚成规则的形状，或相互排斥离散。"

随着大工业的发展，对新的物质运动形式的研究和出于生产需要对它们的开发走上了前沿。

蒸汽机极大地推动了全新的热运动形式的研究。对我们来说，对蒸汽机发展历史的研究具有两方面的重要意义。

首先，我们要研究为什么是工业资本主义的发展而不是商业资本的发展提出了蒸汽机的问题。这将解释为什么尽管第一台蒸汽机的发明可以追溯到牛顿时代，但却在随后的时代才成为主要的研究对象。（拉姆齐 [Ramsay] 在 1630 年获得专利）

由此我们看到，热力学的发展与蒸汽机之间的关系和牛顿时代的技术问题与他的力学之间的关系是一样的。

但是蒸汽机的发展在另一方面引起了我们的兴趣。机械装置（滑轮、绞盘、杠杆）是机械运动的一种状态转化成同为机械移位的另一种状态，而与此不同，蒸汽机的本质在于一种运动形式（热的）向另一种形式（机械的）的转化。

由此，随着蒸汽机的发展，我们不可避免地遇到了一种运动形式向另一种运动形式转化的问题，这与能量和能量的转化问题密切相关，是我们在牛顿那里找不到的。

首先，我们结合生产力的发展研究蒸汽机的主要发展阶段。

马克思指出，中世纪第一个贸易城市的商业活动具有中介特征。它建立在生产者的未开化状态之上，对于他们而言贸易城市和商业扮演的就是中间人的角色。

只要商业资本在不发达国家的产品交换中扮演着中间人的角色，商业利润就不仅是欺骗和讹诈的结果，而且就直接源于此。之后，商业资本利用不同国家之间的产品差价。此外，正如亚当·斯密所强调，商业资本在其发展的第一个阶段主要是

194

一个承包商，负责满足封建地主和东方专制君主的需要，他们手中集中了大部分的剩余产品，相对来说很少对日用品的价格感兴趣。

这解释了中世纪商业的巨大利润。1521 年葡萄牙探险队以 2 到 3 达克特（中世纪流通欧洲各国的金币）购买香料，再以 336 达克特在欧洲出售。远征的总成本为 2.2 万达克特，收益是 15 万达克特，利润约 13 万达克特，约为 600%。

17 世纪初，荷兰人以 180 荷兰盾购买香料 625 磅，在荷兰以 1200 荷兰盾出售。

最高的利润率来自那些完全屈服于欧洲的国家。但即使是与当时没有失去自主权的中国开展贸易，利润也高达 75%—100%。

当商业资本到处拥有绝对霸权时，它组成了一个掠夺体系。

17 世纪和 18 世纪初一直维持着高利润率。这是因为中世纪晚期和近代早期的广泛贸易都主要是垄断贸易。英国东印度公司与国家政府关系密切。克伦威尔的航海法加强了英国的贸易垄断。从那时起，荷兰的海上力量逐渐衰落，而英国海上霸权的坚实基础逐渐被奠定起来。

由此，只要资本的主导形式是商业资本，主要的关注点就不在于如何改进实际的交换过程，而在于巩固垄断地位和殖民地统治。

发展中的工业资本主义立即把注意力转向生产过程。1688 年，英国资产阶级取得了国内自由竞争权，这立即促使他们考虑生产成本问题。

正如马克思所说，大工业使竞争普遍化，并使关税保护仅仅成为一种缓和剂。

不仅需要生产大量高质量的日用品，而且要尽可能便宜地生产。

降低商品生产价格的两条途径是：继续增加对劳动力的剥削（绝对剩余价值的生产）和改进生产过程本身（相对剩余价值）。机器的发明不仅没有缩短劳动时间，相反，它成了提高劳动生产率的有力武器，作为资本的工具，它同时变为无限扩展工作日的手段。

我们将在蒸汽机中追溯这一过程。但在转向分析蒸汽机的发展历史之前，我们必须阐明我们对机器的定义，因为在这一问题上马克思主义观点与其他研究者的观点存在着根本差异。

同时，为了阐明把蒸汽机提升到首要地位的工业革命的本质，有必要清楚地理解蒸汽机在工业革命中所起的作用。

人们普遍认为蒸汽机创造了工业革命。这一观点是错误的。制造业通过两种途径从手工业中发展出来。一方面，它产生于不同种类的独立手工业的联合，它们在联合中失去独立性；另一方面，它产生于工匠在同一工艺中的合作，把特定的过程分解成若干部分并在制造过程中形成劳动分工。

制造业的起点是劳动力。大工业的起点是劳动手段。当然，在制造业中动力也是一个重要问题，但由制造业内部的精细劳动分工所带来的所有生产过程的革新都来自执行装置而非

195

动力。

每台机器都由三部分组成：动力、传动装置和执行装置。机器定义的历史观本质在于在不同阶段机器具有不同的目的。[①]

维特鲁威（Vitruvius）给出的机器定义一直沿用到工业革命时期。他认为，机器是一种木质工具，其最大的用处在于提升和传输重物。[②]

因此，满足这一目的的基础发明：斜面、绞盘、滑轮、杠杆被命名为简单机器。

当牛顿在《原理》中分析古人设计的实用机器的性质时，把它们归结为五种简单机器：杠杆、轮子、滑轮、绞盘、楔子。

由此产生的观点出现在英国文学中，即工具是简单的机器，而机器是复杂的工具。

196

然而，这并不完全是一个简单与复杂的问题。问题的本质在于，引入一种由机器驱动的工具，来支配和适宜地改变劳动对象，这在特定的生产过程中带来了一场革命。

机器的其他两部分的存在是为了使执行装置能够运转起来。

因此，维特鲁威所知的机器和大工业的机器之间的巨大鸿沟就很明显了，前者仅仅实现了最终产品的机械位移，而后者

---

① 引自马克思的《资本论》，原文为："所有发达的机器都由三个本质上不同的部分组成：发动机，传动机构，工具机或工作机。"（《马克思恩格斯全集》第二十三卷，北京：人民出版社，1972 年，第 410 页）——译者注

② Marcus Vitruvius Pollio，公元前 1 世纪罗马作家、建筑师、土木工程师和军事工程师。——译者注

的作用在于产品原始材料的完全转化。

如果我们把马克思的定义与文学作品中的机器定义相对比，其丰富的本质就特别明显了。

勒洛^①在《理论运动学》(*Theoretical Kinematics*)中把机器定义为"能够抵抗反力的诸多物体的组合，它之所以如此安排，是因为通过它，机械的自然力可以被迫按照特定的运动方式行事"。

这一概念同样适用于维特鲁威的机器和蒸汽机。尽管把它运用到蒸汽机上时我们遇到了一些困难。

桑巴特^②定义的机器也存在同样的缺陷。桑巴特称机器是一种或一系列劳动手段，它需要人为之服务，目的在于使劳动具备机械上的合理性。机器作为一种劳动手段与劳动工具的不同之处恰恰在于，前者是需要人为之服务的，而后者是服务于人的。

这一定义之所以不充分，是因为它基于工具与机器之间的区别在于一个是服务于人，另一个是需要人为之服务。这一定义乍看起来是基于社会经济现象的，但它不仅没有给出简单工具统治时期与机器生产方法统治时期之间的区别，而且造成

---

① Franz Reuleaux（1829—1905），德国机械工程师，被称为"运动学之父"。——译者注

② Werner Sombart（1863~1941 年），德国经济学家、社会学家，他对工具和机器的著名区分是"工具是一种用来支持人类劳动的劳动手段（如缝纫针）。机器是一种用来代替人类劳动的劳动手段（如缝纫机）"。——译者注

了一个十分荒谬的观念，即认为机器的本质在于需要人类为之服务。①

由此，一台需要人持续照看的不完善的蒸汽机（纽科门 [Newcomen] 的第一台机器需要一个男孩不断地开关一个活栓）将是一台机器，而一台生产瓶子或电灯的复杂自动装置将是一种工具，因为它几乎不需要照看。

马克思对机器的定义着眼于机器在特定的生产过程中引发了一场革命。

197　　动力是工业资本主义机器的一个非常必要和重要的组成部分，但这并不决定其基本特征。当约翰·瓦特（John Wyate）发明他的第一台纺纱机时，他甚至没有提到如何使其运转。"一台不需要手指的帮助就可以纺纱的机器"是他的计划。②

不是发动机的发展和蒸汽机的发明创造了 18 世纪的工业革命，相反，恰恰是因为制造业中劳动分工的发展，才使得蒸

---

① 引自马克思《资本论》，原文为："在工场手工业和手工业中，是工人利用工具，在工厂中，是工人服侍机器。"（《马克思恩格斯全集》第二十三卷，北京：人民出版社，1972 年，第 463 页）——译者注

② 引自《资本论》第一卷第十三章"机器和大工业"，原文为："当 1735 年约翰·淮亚特宣布他的纺纱机的发明，并由此开始十八世纪的工业革命时，他只字未提这种机器将不用人而用驴去推动，尽管它真是用驴推动的。淮亚特的说明书上说，这是一种'不用手指纺纱'的机器。"（《马克思恩格斯全集》第二十三卷，北京：人民出版社，1972 年，第 409 页）。马克思在这一章中集中论述了工具与机器的区别标准，机器"一开始就摆脱了工人的手工工具所受的器官的限制"，"作为工业革命起点的机器，是用一个机构代替只使用一个工具的工人，这个机构用许多同样的或同种的工具一起作业，由一个单一的动力来推动，而不管这个动力具有什么形式"。（《马克思恩格斯全集》第二十三卷，北京：人民出版社，1972 年，第 411、413 页）——译者注

汽机获得了如此巨大的重要性，并且日益提高的生产力使得发明一种完善的工具成为可能和必要，在采煤工业中诞生的蒸汽机，发现了一个等着将之用作发动机的领域。

阿克赖特（Arkwright）的珍妮纺纱机[①]首次使用水力带动。与此同时，使用水力作为主要动力形式面临着很多困难。

它不可能任意增加，如果水量不足，也不能补充，有时还会干涸，并且它具有纯粹的本地特征。

直到瓦特的机器发明出来，已经充分发展的机器纺织工业才得到了动力，在其特定的发展阶段，得到动力至关重要。

因此机器纺织工业绝不是蒸汽机发明的结果。

蒸汽机的发明与采矿业有关。早在 1630 年拉姆齐（Ramsay）就在英国获得了"在深矿作业中借助火力抬高水位"的专利。

1711 年，英国成立了一个"借助火力抬高水位协会"，以开发纽科门蒸汽机。

卡诺在他的著作《论火的动力》（*On the Motive Power of Heat*）中写道：英国的热（蒸汽）机带来的最大贡献无疑是煤矿业的复兴，它本来因为抽水和提煤中不断出现的困难而遇到瓶颈。[②]

蒸汽机逐渐变成生产中的一项重要因素。随后人们的注

---

① 珍妮纺纱机的发明者应为哈格里夫斯。——译者注

② Nicolas Léonard Sadi Carnot（1796—1832），法国军事工程师、物理学家，被称为"热力学之父"。他生平唯一的作品即 1824 年的《论火的动力》，率先提出了关于最大热机效率的成功理论。——译者注

意力立即转向如何通过减少蒸汽消耗，从而减少水和燃料的消耗，以使机器更加经济。

甚至在瓦特的工作之前，斯密顿（Smeaton）就于 1769 年成立了一个专门的实验室研究不同蒸汽机的蒸汽消耗。他发现不同机器的蒸汽消耗从 176 到 76 千克／马力小时不等。塞弗里（Savory）成功制造了一个纽科门式蒸汽机，蒸汽消耗为 60 千克／马力小时。

198　　到了 1767 年，仅纽卡斯尔市（Newcastle）周围就有 57 台总共 1200 马力的蒸汽机在运转。

很明显，经济问题是瓦特面临的最基本问题之一。

瓦特在 1769 年取得的专利中这样开头："我减少火力机器中蒸汽消耗，从而减少燃烧材料开支的方法在以下基本陈述中可见。"

瓦特和鲍尔顿（Bolton）与煤矿主达成的协议是他们以货币形式得到燃料消耗所节省支出的 1/3。

在这种情况下，他们一年内就从一家煤矿得到了超过 2000 英镑。

纺织工业的主要发明在 1735—1780 年期间，由此对发动机的潜在需求已经存在了。

在 1784 年颁发的专利中，瓦特把蒸汽机描述为一种大工业通用的发动机。

蒸汽机的技术合理化问题成为一项中心问题。这一任务在实践中的完成使得详细研究机器运行的物理过程成为必要。

与纽科门不同，瓦特在格拉斯哥大学的实验室中详细研究了蒸汽的热动力性质，并由此奠定了作为物理学一部分的热力学的基础。

他针对蒸汽弹性的变化，对不同压力下的沸水温度进行了大量的实验。之后，研究了蒸汽形成的潜在温度，并发展和检验了布莱克（Black）的理论。

由此，瓦特开始依照科学方法解决热力学的主要问题，提出了蒸汽形成的潜在温度学说和沸点依赖于压力学说，并计算出蒸汽形成时潜在温度。

正是对蒸汽机物理过程的详细研究使得瓦特比斯密顿走得更远。尽管斯密顿也给自己设定了对蒸汽机进行实验室研究的任务，但因为他不熟悉水蒸气的物理性质，所以他仅仅对纽科门蒸汽机进行了纯粹经验的和肤浅的改进。

热动力学不仅是从蒸汽机那里得到了发展的动力，而事实上，它就是发展自对蒸汽机的研究。

这种必要性不仅来源于研究蒸汽机的各个物理过程，而且来源于蒸汽机的一般理论，以及蒸汽机盈利系数的一般理论。这一工作是由卡诺来执行的。

蒸汽机的一般理论和盈利系数理论使卡诺必须研究一般的热过程，并由此导致了热力学第二定律的发现。

199

卡诺在他的著作《论火的动力》中说，研究蒸汽机特别有趣的原因在于它们相当重要，并且每天对蒸汽机的使用都在增加。很明显它们将引起文明世界的伟大变革。

卡诺评论到，尽管有很多种改进，但蒸汽机理论的进步很小。

卡诺将自己的任务设定为阐述蒸汽机的一般理论，在这种情况下，他为发现最高效率的一般理论所提出的实际问题就十分明确了。

他说，热动力是有限的还是无限的是经常被问到的问题；我们说的动力是指一个发动机可以提供的有用服务。

改进存在限制吗，因为自事物本性，无论何种手段都无法超越其限制？或者相反，改进可以无限制地进行下去吗？

卡诺察觉到，不从热能中获得动力，而从人、动物、流水、空气中获得动力的机器可以通过理论力学的手段进行研究。

这里，所有可能性都可以被预见，所有可能想象的运动都被归结为一般原则（牛顿的力学研究使之成为可能），它被牢固地确立起来并应用于所有情况。

但热机问题中不存在这样的理论。卡诺声称不可能建立这样的理论，除非物理学定律充分扩展并充分推广才可能预先看到热在任何特殊物体上的明确反应。

这里，技术和科学之间的联系，对一般物理规律的研究和经济发展提出的技术问题之间的联系变得异常清楚。

但蒸汽机历史的另一方面对我们来说也很重要。

研究物质的各种物理运动形式的历史顺序是：机械、热、电学。

我们已经看到工业资本主义的发展需要一种能创造普遍动

力的技术。

　　起初，这一需要是由蒸汽机提供的，它在电动机发明之前 200
一直没有竞争者。

　　蒸汽机效率最大化理论的相关问题导致了热力学的发展，
也就是对运动的热形式的研究。

　　这继而说明了运动形式研究的历史演进；在力学之后我们
得到了热运动形式研究的发展：热力学。

　　现在我们从一种运动形式向另一种运动形式转化的角度考
虑蒸汽机的重要性。

　　牛顿甚至没从未考虑过能量守恒和转化定律方面的问题，
而卡诺却不得不考虑这一问题，尽管的确是以一种间接的方式
考虑的。

　　这是因为卡诺正是从热能向机械能转化的角度研究蒸汽
机的。

　　当不同运动形式之间的相互关系问题走上前沿之时，作为
物理学最基本范畴之一的基本范畴就出现了。并且成为物理学
研究主题的运动形式越多，基本范畴的重要性就越大。

　　因此，对物质运动的物理形式及其发展历史的研究必须为
理解物理学各范畴的起源、重要性和相互联系提供答案。

　　对运动形式的历史研究必须从两个方面展开。我们必须按
照运动形式在人类社会物理科学发展中的出现顺序研究其历史
演进。我们已经从它们在人类社会中的历史起源方面展现了运
动的机械形式与热形式之间的联系。对这些形式的研究是按照

人类实践提出它们的顺序而开展的。

第二方面是研究"物质发展的自然科学"。对微观世界和宏观世界中无机物发展的研究过程必须为理解无机物的一种运动形式与另一种运动形式的相互联系和转化提供答案，而且必须为物质运动形式的自然分类奠定一个良好的基础。这一原则必须建立在马克思主义的分类基础上。

任何科学都或是分析一种单独的运动形式，或是分析相互联系和相互转化的大量运动形式。

201

科学的分类不过是一种物质运动形式的谱系，与它们基本的次序，换句话说，与它们由一种运动形式向另一种运动形式的自然发展与转化相一致，正如其在自然界中完成的那样。

由此，马克思主义的科学分类原则认为，分类的基础是建立在一种物质形式在运动中向另一种形式发展和转化的伟大思想之上。（恩格斯）[1]

由此构成了恩格斯关于物质运动形式的相互关系和等级的著名概念。

能量概念与一种运动形式向另一种运动形式的转化及转化的度量问题密不可分。现代物理学强调这一转化的定量方面，并假定在这些转化中能量守恒。

---

[1] 引自恩格斯的《自然辩证法》，原文为："每一门科学都是分析某一个别的运动形式或一系列互相关联和互相转化的运动形式的，因此，科学分类就是这些运动形式本身依据其内部所固有的次序的分类和排列，而它的重要性也正是在这里。"（《马克思恩格斯全集》第二十卷，北京：人民出版社，1971年，第593页）——译者注

正如前一节所示，我们回想起笛卡尔已经阐明了运动在量上的恒定性和不变性。迈尔（Mayer）和赫尔姆霍兹的工作为物理学引入的新元素在于，发现了运动形式的转化，以及这种转化中的能量守恒。

这才是新元素，而非简单的守恒假定。

由于这一发现，物理学中各种孤立的力（热、电、机械能）——在那之前被视为可以与生物学中不变的种类相类比——被转化为相互联系的运动形式，并可以根据特定的规律，从一种运动形式转化为另一种运动形式。

如同天文学一样，物理学也得出了一个必然的结论，即最终的结果是运动物质的永恒循环。这就是为什么牛顿时代没有考虑也不能考虑能量问题的原因，牛顿时代仅研究一种运动形式——机械运动形式——首要研究的不是一种形式向另一种形式的转化，而仅仅是同一种运动形式的变换和更改—— 机械位移（我们可以回想起维特鲁威对机器的定义和卡诺的观察资料）。

运动的热力学形式一出场（当它不可分割地与其向机械运动的转化问题相联系时，它就出场了），能量问题就走上了前沿。蒸汽机问题被阐述的方式（用火的方法抬升水位）恰好明确指出其与一种运动形式向另一种运动形式的转化问题有关。卡诺的经典之作取名《论火的动力》意味深长。

恩格斯对能量守恒与转化定律的理解区别于现代物理学中占主导地位的理解，他把能量守恒定律的定性方面提到显著位置，而现代物理学则把这一定律缩略为纯粹的定量法则——能量转化期间的量的恒定。能量守恒定律和运动不灭学说不能仅仅从量上去把握，而且还必须从质上去理解。它不仅包含作为唯物主义自然概念基本前提之一的能量不灭和不可创造假定，而且是对物质运动问题的一种辩证理解。从辩证唯物主义的观点出发，运动不灭不仅在于物体在一种运动形式范围内运动的情况，而且也在于物质本身在自我运动和发展中能够在所有无穷种运动形式之间，自发地从一种运动形式向另一种运动形式跃迁的情况。

可见只有马克思、恩格斯和列宁提出的概念才能为理解物质运动形式发展和研究的历史进程提供答案。

牛顿没有看到也没有解决能量守恒问题，但并不是因为他的天赋不够伟大。无论伟人们的天赋多么突出，他们都只能阐释和解决那些由生产力和生产关系的历史发展所提出的任务。

五、牛顿时代的机器破坏者和当今的生产力破坏者

我们对《原理》的分析已经接近尾声。我们已经阐述了它的物理学内容是如何从当权阶级提出的时代任务中产生的。

封建主义向商业资本和制造业，制造业向工业资本主义的历史必然转变空前地刺激了生产力的发展，生产力的发展继而又强有力地推动了所有人类知识领域的科学研究的发展。

牛顿恰好生活在这一时代，一个就像创造新的生产形式一样创造着新的社会关系的时代。

在他的力学中，他可以解决新兴资产阶级提出的复杂的物理－技术问题。但在整体的自然面前，他仍然无能为力。牛顿知道物体的机械位移，但他甚至拒斥自然在不断发展的过程中发现自身的观念。在他那里我们也不能期望找到任何关于社会是一个发展中的实体的观念，尽管正是那个时代的过渡特征造就了他的基础工作。

牛顿时代以后历史的进程停止了吗？当然没有，因为什么都不能阻止历史的前进。

牛顿之后，康德（Kant）和拉普拉斯（Laplace）首先打破了多少世纪以来认为的自然永恒不变的观念。

尽管其形式远非完善，但他们仍表明太阳系是历史发展的产物。

在他们的作品中发展的观念首次进入自然科学，随后这一观念成为所有自然学说的基本指导原则。太阳系不是上帝创造的，行星的运动不是天神推动的结果。它不仅是一种自然因的结果，而且只有通过自然因的作用才能存在。基于力学定律之上的体系没有给上帝留下位置，甚至在对体系起源的解释中，上帝也是不必要的。

"在我的体系中没有必要包括任何有关神的假设"拉普拉斯在向拿破仑（Napoleon）解释之所以删除其《宇宙体系论》（*System of the World*）中所有有关上帝角色的附注时这样回答道。

生产力的进步带来了进步的科学。牛顿时代，从家庭手工业向制造业，从制造业向大机器工业的转变才刚刚开始，后一世纪则大为加速。这一转变在垄断资本主义阶段完成，而垄断资本主义反过来又是新的、社会主义发展形式的开端。

随着资本主义生产方式由一个阶段转向另一阶段，资本主义社会的统治阶级对科学技术的观点也发生了变化。从此，资产阶级为夺取权力与旧的行会和手工业生产形式展开了残酷的斗争。它以铁腕引入大机器工业，并在此过程中粉碎了陈腐封建阶级的抵抗和新生无产阶级仍很初级的反抗。

对于资产阶级而言，科学技术是有力的战斗武器，并且他们乐于发展和完善这些武器。

工业资产阶级的赞美者尤尔（Ure）[①]这样描述资产阶级为争取新生产方式的斗争：

> 不满的人群，认为他们在古老的劳动分工方式下是不可战胜的，却发现被侧面的攻击所挫败，并且他们的防御手段也被现代机械技术捣毁了。他们被迫向胜利者的怜悯与愤怒投降。

他进一步考察了纺纱机发明的重要性：

[①] Andrew Ure（1778—1857），英国化学家、经济学家，《资本论》第一卷中这样形容他"尤尔博士，这位自动工厂的品达"。品达（Pindar）是古希腊抒情诗人，写有很多歌颂竞技场上胜利者的诗歌。品达的名字后来成了过分颂扬者的代称。（《马克思恩格斯全集》第二十三卷，北京：人民出版社，1972 年，第 459 页）——译者注

这一机器注定要恢复工业阶级之间的秩序。这一发明证实了我们已经提出的学说，即资本主义不断迫使科学为之服务并迫使劳动的反叛力量屈服。①

尤尔是掌权的资产阶级的代言人，因为资产阶级把新的生产方式建立在"反叛劳工"的血肉之躯上。

在夺取权力的过程中资产阶级彻底改变了整个生产方式。它把古老的封建镣铐撕成碎片，粉碎了束缚生产力进一步发展的古老的社会关系形式。在此期间它是革命的，因为它拥有新的、进步的生产方式。

一个世纪过后，它改变了地球的面貌并且创造了新的、强有力的生产力。迄今尚未研究过的新的物质运动形式被发现了。

技术的巨大发展极大地刺激了科学的发展，而迅猛发展的科学反过来又渗入新的技术。

在生产力空前繁荣与物质文明巨大发展的基础上，人民群众却空前贫困，失业人数急剧增加。

不足为奇的是，占统治地位的资本主义生产方式中的矛盾

205

---

① 引自《资本论》第一卷，原文为："他在谈到由于一次罢工而直接引起的浆纱方面的一项发明时说道：'一帮不满分子自以为在旧的分工线上构筑了无法攻破的工事，却发现现代机械战术已把他们的侧翼包围，他们的防御手段已经毫无用处。他们只好无条件投降。'他在谈到走锭精纺机的发明时说道：'它的使命是恢复工业阶级中间的秩序……这一发明证实了我们已经阐述的理论：资本迫使科学为自己服务，从而不断地迫使反叛的工人就范。'"（《马克思恩格斯全集》第二十三卷，北京：人民出版社，1972 年，第 477—478 页）——译者注

不仅引起了政府官员和资本家们的注意，而且也引起了科学家们的注意。

在牛顿时代，资产阶级呼吁新的生产方式。牛顿在皇家学会改革备忘录中，号召政府的权威人士支持科学，这对于研究自然和创造新的生产力影响巨大。

如今情况却非常不同。

在过去的一年中，《自然》杂志发表了许多有关我们所关注问题的社论。这些文章考虑了现在正使整个世界焦虑不安的问题。我们将参考其中两篇，它们更清楚地表达了英国自然科学家的观点。一篇名为"失业与希望"，另一篇为"科学与社会"。

这就是这些文章对工业的任务、发展目标和发展路线的描述。当讨论失业问题时，《自然》杂志在一项对资本主义社会的分析中，这样定义机器的角色：

> 的确，在目前的形势下，有很多借口可以为过去的想法开脱，即或许埃瑞璜的人民在破坏机器的问题上比我们更聪明，如马克思所预言，以免机器颠倒了原有的关系而使工人变成无生命的机械装置的工具与附庸。[1]

---

[1] 引自 Anon. (1930). Science and Society. *Nature*, 126(3179), 497-499. 1872 年，从英国移民到新西兰的作家勃特勒（Samuel Butler）发表了幻想小说《埃瑞璜》（*Erehwon*），英文 Nowhere（乌托邦）的倒拼，文中叙述了一个不为人知的神秘国度，国内严禁使用任何机器，因为那里的人们害怕机器会一天天进步，终有一天取代人类。——译者注

现代科学技术创造的机器，结构异常复杂与精巧，以精密和生产效率而著称。而牛顿时代的机器破坏者似乎比创造了空前复杂和强大机器的我们更加聪明。

以上陈述不仅是对马克思思想的扭曲，而且是对机器破坏运动的错误理解。

首先，让我们重建激怒工人破坏机器的真实历史情境和真正原因。

工人反抗机器的斗争仅仅是雇佣劳动者与资本家之间斗争的反映。那一时期工人阶级的斗争不是反抗机器的斗争，而是反抗在新社会中被新兴资本主义秩序所放逐的处境。

17 世纪期间几乎全欧洲都因工人反抗梳棉机运动而动荡不安。17 世纪 70 年代末第一台风力锯木厂在伦敦被捣毁。①

19 世纪的最初十年以卢德派捣毁动力织布机的群众运动而著称。随着工业资本主义的发展，劳动力转化为商品。被机器挤出工业的工人，像停止流通的纸币似的，无法为他的劳动找到一个买主。成长中的工人阶级，仍然没有阶级意识，把憎恨发泄到资本主义关系的表面形式——机器上。

但这一形式上反动的主张是反抗雇佣劳动与生产资料私有化的革命主张的一种表现。

工人实际上变成了机器的附属品，不是因为机器的发明，而是因为这些机器服务于占有生产资料的阶级的利益。

① 作者笔误，应为 18 世纪。——译者注

破坏机器始终是一个反动的口号，埃瑞璜居民的智慧不在于他们捣毁机器，而在于他们反抗雇佣劳动的奴役。

这篇社论称："当我们考虑到那么多被取代的工人时，少数人舒适和福利的代价太昂贵了，而且也许，正如马克思预言的那样，伴随着大规模生产的还有个性的压抑和生产的停滞。"

这样，按照《自然》的观点，生产工具的改进不可避免地导致个性的扭曲和人民群众的苦难。

这里允许质疑：为什么在生产工具取得了巨大进步的牛顿时代，科学界不仅没有呼吁延迟这一发展，相反，还以各种方式鼓励新的发现和发明；并且牛顿时代最重要的自然科学家刊物《哲学汇刊》（*Philosophical Transactions*）充满了对这些新发明的描述。

207 　　在回答这一问题之前让我们看看这份英国科学家的刊物为生产和失业危机提出了怎样的解决办法，在它看来危机是生产力发展过快的结果。

社论《失业与希望》中概括了这些办法，我们无删节地引用了相应段落：

工业的目标是，或主要应该是……两个：（1）提供一个……发展人格的场所；并且（2）生产商品以满足人们的各种需要，主要是物质性需要，当然，还有大量物质范畴以外的需要，这里使用的"物质"一词并非贬义。迄今为止，人们一直把注意力主要放在（2）上，而工业的主要目标被忽视了。这种对工业的片面理解，加上"进化"一词狭隘含义的滥用……导致对数量和大规模生产的过分关注，和对人的因素的极端忽视，毫无疑问，如果第一个目标得到一点点重视，则第二个目标就会实现得更加彻底和圆满；失业也就不复存在了⋯⋯

一种流行的观点⋯⋯认为工业正在进化并必然向一个固定的类型进化，比如，大规模生产⋯⋯最好的工业形式或类型⋯⋯可以包括很多不同且不断变化的形式，它由于适应性和弹性而区别于所有事物——一个活的有机体⋯⋯

弹性还意味着复兴的可能性，以新的、改良的形式去满足现代的状况，至少有两种理应被现代大规模生产所代替或抛弃的古老工业形式，即：（1）小家庭工业或手工业⋯⋯；（2）制造业与农业或工场手工业的结合⋯⋯工业仍深深扎根于过去，把大部分根脉视作老而无用，进而连根拔起，这是愚蠢的，注定要削弱工业之树。恐怕失业的祸根就在这里。

现代科学成就，包括著名的配电系统，使得新的工业形式成为可能，在这种新工业形式下，在本质和特征上是英国的旧工业秩序的这两项原则，首先可以为所有雇佣者提供一个新的、几乎无限的领域，吸收目前所有或大部分的失业者⋯⋯我们所说的失业主要是指英国的失业者，但如果能考虑到整个世界的失业情况就更好了⋯⋯

当然，把这两条原则应用到失业问题上仅仅是其适用范围 208 的一个部分，因为它们的适用范围比这广泛得多，特别是在消除现代工业的一个最大罪恶，即，极端专门化、单调的工作和缺少提高技能的机会上，所有这些都暗示⋯⋯

设想一下，在各样工作、兴趣和技能被正视的令人振奋的环境中，人类的创造性才能将被极大的激发，独创性也将得到必要的鞭策。①

这样，根据《自然》杂志，治愈资本主义社会的创伤，摒除基于雇佣劳动和生产资料私有化之上的所有矛盾的方法，就是回到那些前工业资本主义时代的工业形式。

我们以上所证明的正是这些在牛顿时代就引起了进步的形式；并且，尽管相对封建生产方式而言，制造业和小手工业也是一种进步，但当今"退回到小手工业"的口号是极其反动的。

马克思天才地揭示，商品拜物教在于人类社会所创造的物质资料之间的关系与人的社会关系相隔离并被视为事物自身的本质。

对这种拜物教的揭露与解答在于，事物之间的关系不是事物自身创造的，而是在社会生产过程中创造出的，事物之间的关系仅仅表达了人类特有的社会关系，在其中它们呈现出事物之间关系的虚幻形式。

以上引自《自然》的观点也是拜物教的一种特有表现形式。它孤立地考察了大机器生产中的机器、生产资料和生产组织，而忽略了那种特殊经济体系中的社会关系，特定的生产方式正是存在于这些社会关系中并为它们所创造的。

---

① 引自卡斯：《失业与希望》(Cass W G L. [1930]. Unemployment and Hope. *Nature*, 125. pp. 226–227)。

我们被告知，劳动工具的改进给大部分人带来不幸。机器使工人仅仅成为它的附属物。它抹杀了个性。让我们回到美好的过去。

我们回答是不。不是生产工具的改进造成了人民群众的空 209 前贫穷与苦难。不是机器把工人变成了机械装置的盲目工具，而是那些如此使用机器的社会关系使工人仅仅成为一种附属物。

出路不在于回归过时的生产方式，而在于彻底改造整个社会关系系统，就像过去完成的由封建和手工业生产方式向工业资本主义的转变一样。

私有制经历了几个发展阶段；封建主义，商业资本与制造以及工业资本主义。在每一个发展阶段的生产过程中，人类，不以他们的意志为转移，都要进入与特定的生产力发展阶段相对应的生产关系。当发展到一定阶段，生产力就会与现存的生产关系相对抗，或者，按照法律上的表述，与它们所处的所有关系相对抗。生产关系成为发展的形式以后就变成了发展的桎梏。①

---

① 引自马克思的《政治经济学批判》序言，原文为："人们在自己生活的社会生产中发生一定的、必然的、不以他们的意志为转移的关系，即同他们的物质生产力的一定发展阶段相适合的生产关系。这些生产关系的总和构成社会的经济结构，即有法律的和政治的上层建筑坚立其上并有一定的社会意识形式与之相适应的现实基础。物质生活的生产方式制约着整个社会生活、政治生活和精神生活的过程。不是人们的意识决定人们的存在，相反，是人们的社会存在决定人们的意识。社会的物质生产力发展到一定阶段，便同它们一直在其中活动的现存生产关系或财产关系（这只是生产关系的法律用语）发生矛盾。于是这些关系便由生产力的发展形式变成生产力的桎梏。"（《马克思恩格斯全集》第十三卷，北京：人民出版社，1962年，第8—9页）——译者注

只有对整个生产关系进行彻底改造才能实现生产力的进一步发展。

一种生产形式转向另一种生产形式的首要特征就是这种改造。

每当社会关系进入一个新阶段都会引起生产力的进一步急剧发展。

相反，如果生产力发展出现危机，就表明它们在既定的社会框架下不可能得到进一步发展了。

我们以上所引用的解决方案，其实质在于通过回到旧的生产形式来抑制生产力，这仅仅是资本主义社会中的生产力和建立于生产资料私有制之上的生产关系之间矛盾的一种表达。

科学的发展来自生产，成为生产力桎梏的社会形式同样也是科学的桎梏。

改变社会的真正方法不能在天才的灵感或臆测中发现，也不能通过返回"过去的美好时光"而找到，以一种久远的历史视角看来那似乎是一种宁静的田园生活，而现实却表现为残酷的阶级斗争和一个阶级对另一阶级的镇压。

由此，它经常号召我们退回的正是牛顿生活和进行创造的那个时代的生产形式。

210　我们已经看到那个时代过时的社会关系形式通过它们在大学中的代表，也建议镇压科学，因为科学正在粉碎停滞的封建意识形态并为新生产方法服务。

我们现在目睹的是建立在生产力与生产关系根本对立基础

上的一个副本，马克思已经敏锐地洞察并阐明了这一点。

过去，新兴的无产阶级以捣毁机器、抵制发明和科学的方式自发地反抗，今天，在马克思、恩格斯和列宁的辩证唯物主义方法的武装下，无产阶级清楚地看到从人剥削人走向全世界解放的道路。

无产阶级认识到，真正的关于历史发展规律的科学知识将毋庸置疑地得出这样的结论，即从一种社会体制向另一种社会体制的转变是不可避免的。①

无产阶级揭露了阶级社会的所有拜物教，在这些文章之间的关系背后是制造这些文章的人之间的关系。

获悉历史进程的真实本质之后，无产阶级不再仅是一个观众。他不再只是历史进程的客体，而变成了这一过程的主体。

马克思所创造的方法的重大历史意义在于，知识不再被视为一种对现实的被动与沉默的接受，而被当作一种能动地改造现实的手段。

对于无产阶级来说，科学是这一改造的工具与手段。这就是为什么我们不惧怕揭露科学的"现实起源"，及其与物质存在的生产方式之间的密切联系。

唯有这种科学概念才能真正将它从那些枷锁中解放出来，那些枷锁让它不可避免地受困于资产阶级的阶级社会之中。

无产阶级不仅不畏惧生产力的发展，而且只有它可以为生

---

① 俄文版此处增加了半句"——从资本主义到社会主义的更替"。——译者注

产力的空前发展，也为科学的发展创造所有条件。

马克思和列宁的学说已经在生活中得以体现。对社会的社会主义改造不是一个遥远的愿景，不是一个抽象的理论，而是一个明确的计划，一个全世界六分之一人口正在努力完成的伟大工程的明确计划。

211 并且像所有时代一样，我们在重建社会关系的同时也重建着科学。

培根、笛卡尔和牛顿等人的新研究方法是新生产方式战胜封建主义生产方式的结果，它战胜了经院哲学，并导致了新科学的创立。

社会主义建设不仅利用一切人类思想成果，而且通过对科学提出迄今未知的新任务，进而为科学的发展指明新途径，为人类的知识宝藏添加新瑰宝。

唯有在社会主义社会中科学才能成为全人类的真正财富。全新的发展道路正展现在眼前，无论是在无限的空间中，还是

212 在永恒的时间中，它都将永远胜利前行。

数学的当代危机及其重建构想

科尔曼

与其他学科一样，数学归根到底也是由生产力、技术以及经济的发展和现状所决定的。经济既直接地影响数学，为数学提出新问题、创造物质基础以及提供劳动力；又间接地通过主流世界观和统治阶级的哲学影响数学的发展。

因此，如果我们想要解决数学的当代危机，就必须考虑到资产阶级科学中的危机、资产阶级自然科学中的危机，特别是物理学的危机。然而，本文并不是要充分阐明数学危机与资产阶级科学中的普遍危机之间的联系，以及与整个资本主义内部危机之间的联系。物理学和化学在 20 世纪初就开始经历危机，列宁在 1908 年出版的著作《唯物主义和经验批判主义》（*Materialism and Empirio-Criticism*）中即给出了天才的分析，这足以表明当前这场扰乱整个资产阶级科学的危机只是危机的一个新的、更高的阶段。

当今，在所有相关的复杂问题中，有一项尤为引人注目，那就是数学本身的危机。它的意义极其重大；因为毫无疑问，正如自然科学中的危机会影响到数学，数学中的危机也会反过来对物理学、化学以及技术施加影响。数学的地位，以及数学解决问题的能力，很大程度上取决于自然科学和技术的进一步发展。

这一点尤其适用于当今的物理学，数学以其极为丰富的工具和手段，致力于将物理学形式化和几何化，最终让物质消失，仅保留方程式，这种趋势已经被列宁明确地揭示出来了。物理学的数学化使得物理学家们都感到震惊，赫沃尔松（Khvolson）在谈到物理学中的数学时说："可怕的是，数学已经不是大学中所教授的数学了，而物理学家们却对此一无所知。更可怕的是，数学的重要性还在不断增长。"虽然我们反对这种蒙昧主义，但必须承认物理学的确越来越依赖数学的命运了。

由于普通数学无法满足现代物理学的需要，物理学家们自己创造出大量极其典型的数学方法，比如张量分析、矩阵计算、特征数理论等。

作为数学最强大的工具，解析在17—19世纪自然科学、物理学和力学的沃土中发展起来。即，基于"自然不会突变"的连续性原则，力学和现象论热力学把所有过程都视为连续的（至少在取首近似值的情况下），并用解析的方式进行表示。电磁学，甚至化学也是如此。

然而，自从普朗克（Max Karl Ernst Ludwig Planck）用于解释黑洞热辐射的能量量子理论提出之后，从光子理论到德布罗意（Louis Victor Duc de Broglie）、海森堡（Werner Heisenberg）和薛定谔（Erwin Rudolf Josef Alexander Schrödinger）的波动力学等，许多发现都是在这种"连续和谐论"的基础上产生。对此，物理学家们也无法给出一致的解析说明，他们在综合波与原子、电磁与引力方面做了很多努力，但目前为止均以失败告终，抑或仅仅在特置假设的情况下才有成果。例如，狄拉克（Paul Adrien Maurice Dirac）在单电子量子力学理论中强行引入负能量的概念，它的作用仅在于重燃唯物主义与唯心主义的战火，使得正以强大生命力渗入科学的辩证法在唯心主义物理学家那里变成了一种反讽。数学依然表现乏力，它甚至不能解出最简单、最微不足道的实例中的波动力学方程。

这种无法呈现物质实在——不依赖于我们意志而存在的世界——适当画面的情形，即便在解析相当基本的例子时也尽显无遗。

举例来说，一个尚未被学校的物理学和数学所迷惑腐蚀的人会比其他人更简易地冷却一根棍子。但众所周知，唯有我们找到了参量的一系列离散值，才能用其相关的边界条件解出偏微分方程。因而，偏微分方程的连续解无助于阐明一种现象的物理性质。只有不连续的数列才会对问题的解决有所帮助，这种解决方案就打破了连续性的限制。

在（高原）薄膜平衡问题，以及所有依赖于前面的现象的后续问题——或者说是在数目巨大的包含积分方程的变化问题时，我们都发现了同样的现象。显然，这是由两个完全独立的

217

分支组成，在分析时，通过先后计算连续解和离散值这两个完全独立的分支，从而探索出一条新的道路，尽管这只是一种暂时的无奈之选。

事实上，数学家们正努力探寻新的道路，但可惜的是，方向并不正确。与基于连续性概念的分析相反，我们见证了 20 世纪前四分之一时段里数学分支的蓬勃发展，即将不连续概念放在首位，作为不证自明的存在——流形理论、实变函数论以及形式上最完善的解析流形。

就近，以鲁津（Nicolas Lusin）院士（莫斯科）1930 年在巴黎出版的书《关于数学分析及其应用的课程》（*Leçons sur les ensembles analytiques et leurs applications*）为例。其主要原理依据的是拜尔的基本域（Bair's fundamental domain）。即在坐标数据中，排除全部有理数的点，只保留无理数的点，并对这些基本域中所剩的间断点进行各种分析操作。而在任何基本域中，无论多小，原始连续体的间断点是一样多的，这就证明了不连续的绝对性。由此，问题产生了：是否存在一种物质的性质满足这种绝对不连续的情况呢？对于这个难题，根据勒贝斯克（Lebesque）对这本书的介绍，我们发现了一个意想不到的答案：在他看来，这本著作坚持唯我论的观点，使得其哲学价值甚至超过其数学价值。不难理解，建立在绝对不连续性概念基础之上的解析流形，反映了唯心主义哲学的极端个人主义非常真实的一面。

218

由此，呈现出两个极端：一种是将连续性转化为绝对，另一种是将离散性转化为绝对，两者都只是片面地描述了物质本身，主张相互独立并坚持其自身唯一的重要意义，而不是寻求互惠的统一。因此，通过拒斥分析数学和离散数学，将之作为不规则的和违反规律的，毫不费力地驳回二者，以便在空地上重新开始构建，这样的做法无法解决问题。关键在于创造一种归依于同一性原则的全新计算方法，以达到分析学和离散数学两者确实的统一。

因此，将有关离散数学的全新算法运用到分析，并不能使连续性和非连续性相互综合，也不能带领数学摆脱它现在的种种困境。一方面，将间隙的存在视为令人遗憾的和不受欢迎的革命例外。坚决否认不连续函数的合理性；另一方面，又认为离散是绝对的，并把它视为孤立个体的集合。我们需要的并不是两方面的分析，只需要一种能反映连续和非连续的统一性的操作。但要想建立起来这样一种统一，数学必将走向辩证，而数学家们也不能回避辩证唯物主义。

在克服数学的当代危机的种种尝试中，始终不能使连续性和非连续性统一起来，因为一直以来都是形而上学的数学家们在主导着数学的研究，他们所研究的数学仅仅停留在算术分析的层面上，却始终没有找到一种更合适的研究方法。克罗内克（Kronecker）曾经呼吁的"回归算术！"就好比现代人呼喊让物理学回归魔法、化学回归炼金术、医学回归希波克拉底等一样，无法起到积极的作用。我们并不是要否认用算术进行的分析，只是希望能引进一种新的性质在连续性与非连续性的鸿沟之上架起一座桥梁。

除了这道鸿沟之外，我们也开始高度关注数学这一整体与概率计算之间的鸿沟，这对于统计学在当代物理和生物等学科中的应用有着极其重要的作用。

众所周知，概率计算几乎渗透到了数学的所有分支，如：算术学、代数学和分析学，但是它却没有与作为整体而言的数学产生系统、深远的联系。

219　　由几何概率理论得知，我们可以用实验的方法确定 π 的值。法国数学家布丰伯爵（Buffon）1777 年在他的著作《规制算数论》（*Essai d'arithmétque morale*）中提及的随机投针法来计算圆周率：在平面上画有一组间距为 a 的平行线，将一根长度为 1（1 ≤ *a*）的针任意掷在这个平面上，求此针与平行线中任一条相交的概率，得到的数值即为圆周率 π 的值。而后沃尔夫（Wolf）曾在苏黎世实际演示了这个实验。

著名的关于测定概率的瓮缸摸球问题与确定数值 π 的问题相似，也是通过进行大量的实验，使数学问题精确至一个极小的幅度误差之内。如果我们重复多次从一个有相同数量的白球和黑球的瓮缸中取出偶数个球，就会发现在取出来的球中，白球和黑球似乎一样多，因为其概率的表达式中包含 π 的平方根。同样是概率测定，另外一个例子是如果把编好号的球从瓮中逐个地取出，我们将发现球上标出的号码没有一次与它的序号相符，这就给出了在球的序号超出它所有的极限时 i/e 的概率。更令人惊讶的是，概率计算使我们找到了代数学和算术学之间极其复杂的联系。因此，就像棣莫弗（De Moiver）在 1711 年出版的著作《偶然事件的概率测算》（*De mensura sortis seu de probabilitate eventuum in ludis a casu fortuito pendetibus*）中阐述的在得到概率的过程中存在的著名问题——在提取编号的球的过程中，球的编号的总和是相对固定的，推导其关系为：

$$n! = \sum_{k=0}^{n} (-1)^k \binom{n}{k} (n-k)^n$$

或者，另举一例，很基础但是很重要的方法论：用概率方法对几何级数求和；同时也指出随机方案甚至能求和更多的复杂收敛级数。最终乔姆斯基（Khotimsky）教授指出概率计算使我们能够以足够的精确性确定诸如无理数 $\sqrt{2}$ 在相似的关系中显示出的精确值。事实上，如果我们承认 0.5 范围内的幅度误差，我们将能得到 $2\sqrt{2} = \sqrt{8} = 3, 5\sqrt{2} = \sqrt{50} = 7, 7\sqrt{2} = \sqrt{98} = 10$，因其在误差理论中遵从：

$$\sqrt{2} = \frac{2.3 + 5.7 + 7.10}{2^2 + 5^2 + 7^2} = 1.417$$

用随机方法求得方程的准确根等一般问题都可以用相似的方法表达。

为什么能用随机的方法得到这样的结果呢？如何通过一种基于偶然性的算法得到一个精确的规律，甚至一个相当精确的结果呢？当代数学无法回答这个问题：它并不研究这个分支，仅仅用好奇和神秘的眼光打量这种方法，而且它也确实没有能

220

力解释清楚这个问题。主要是因为形而上学的思维模式不仅不能抓住统计学和动态规律的联系，还把它们看作孤立的和敌对的。然而，这种情况不仅具有重大的哲学意义，还意味着当代的统计理论停滞不前。也就是说，大数定律并没有向着多样化进程发展。所有的上述的内容反过来又说明，数学的发展主要建立在自然科学之上，而且完全不适于满足科学政治的经济发展的需要。不难理解，为何所有试图在概率计算和分析之间建立一种纯粹的对应关系都是徒劳无功的。

当代数学第三个更广泛、更深刻的鸿沟在于其大多数方法的质性极度缺乏。当然，说数学缺乏质性，并不意味着数学概念仅能表示几个主要概念、其定量复杂性的重复。在保持一门数量科学的同时，数学在数量本身中创造了它自己特定的数学品质。事实上，数学不断吸收物理和自然科学的内容，整体上经历了从量变到质变、从抽象到具体的过程。然而，这种发展又是十分矛盾的：在各个独立的数学分支中往往是从具体发展到越来越抽象，也越来越多地排除定量因素的影响。非欧几里得几何学对此提出了一个十分经典的例子。究其根源反映了一个更加深远的现实问题，在资本主义数学中这些矛盾的存在被认定为证实唯心论的正确性的确实证据，它们的数学解释甚至遭到了唯心主义的曲解。这实际上就形成了数学的认知力量，在其一定的发展阶段，它巨大的力量被转变为它自身的矛盾，并且使数学在给定社会结构中无法处理更加复杂的问题，比如渗透于事件深处的物理学知识等。即使我们无法从根本上改变

数学对象的性质，我们也必须使数学能够更好地在数量本身的 221
范围内更精确地表示质的变化，因为这些对象反过来也决定了
数学的内容。

　　数学将现实中的相关性表述为函数关系。也就是说，即使
是最简单的因果关系也会被表示得面目全非。而且，数学依旧
无法将这些关系表示成交互作用——相互作用着的矛盾体的集
合。数学方程式没有方向，而那些没有脱离现实的定性属性的
方程式——无论是政治经济学中价值形式的方程式，还是化学
方程式——就其本质而言，都具有方向性。马克思在《资本论》
中用极其简单的价值形式表述：

　　20 尺（旧的）亚麻等于一件大衣

不能被简单地调换为：

　　一件大衣等于 20 尺（旧的）亚麻

　　大家都知道化学方程式的不可逆性，比如在它一个方向
上放热，在另一个方向上吸热。这就带来了一个问题，为什么
使用数学符号运算不能以其他的方式提取出这么多定性的特征
呢？这种提出问题的方式不同于将所有的公式及各种各样的定
理进行数学化的尝试，不同于给世界一个泛泛的数学化的描述
的尝试，也不同于依赖毕达哥拉斯主义和卡巴拉学派的尝试。

就像物理学、化学、生物学和政治经济学中的研究对象一样，数学的研究对象也有一定的限制。正如不能用生物和物理学调查政治经济学的规律，也不能用生物学的规律阐明物理和化学一样，数学永远不能替代物理学、化学等科学。尽管数学、几何学、机械学、物理学、化学、生物学……有如此多的共同点——都涉及事物不同形式的变化规律，举个例子来说，如果一方面是物理学和化学，另一方面是生物学，正如活力论者使我们确信不能将以上两者视为彼此完全独立的个体，辩证唯物主义不采用天真的机械唯物主义，因为机械的唯物主义甚至能将生物归纳为化学和物理，再整个地归纳为机械学，最后再荒唐地一并归入几何和数学。统一意味着同一性，正如差异意味着分离一样。数学在保持其特殊性（specificum）的同时，又不自诩为灵丹妙药，必将在某一个特定的时期发展到一个更高的阶段，回归到一个更加具体、更注重质量的新起点。

222

这种尝试已取得成功。例如，矢量分析中的量值和方向图，其起源和发展与力学和电磁学的历史密切相关。为什么我们不能沿着这条路一直前进，并尝试为特定的物理分支的问题创造新的定性的积分学？为什么我们不能尝试用这样的方式使唯心主义的莱布尼茨在混乱中得到的真理付诸实践呢？也就是说，尝试去创建一种能够"使其能像代数学表达数字和大小一样，来通过字母表达数据甚至机器和运动的微积分"（莱布尼茨致惠更斯的信，1679 年）。但是，要实现数学上的这种转变，数学家必须充分认识到具体与抽象之间的真正联系，摆脱他们对数学的崇拜心态，摆脱唯心主义以及数学和现实的关系之中非辩证的观念。

当代数学的第四道鸿沟存在于历史和逻辑中。数学提出问题，再以概念和方法求解，历史必然也需要这样，而这些概念和方法受到技术、自然科学、哲学和数学本身的整体发展的制约。但就数学本身作为一个科学系统而言，并没有直接地反映出其历史必然性。以数字这样一个基本概念的发展为例：

目前，数学在所谓的汉克尔永恒原则（Hankelian permanency principle）或希尔伯特公理（Hilbert's axiomatic principle）的基础上发展了这一概念。但数字的发展永远打破不了永恒原则。至于希尔伯特公理，确实有助于解释各个数学概念之间的逻辑联系，但由于它充当着一个事后解释的角色，因此也无法给出正确的发展图景。因此，事实上，这两个原则都只是掩盖了真正发生的历史发展。

进一步举例，我们将给出这样一个基本的初级表达式：

$$\lim_{n \Rightarrow \infty} \left(1 + \frac{1}{n}\right)^n = 2.71828\cdots$$

众所周知，这个表达式并不是人为创造出来的；它源于海外贸易的历史要求，源于为实际计算创建最合适的对数表的需要。因此，是历史而非数学给出关于为什么要用 e 的极限而不是别的处理方法等问题的答案。尽管如此，探寻我们研究这个限制表达式成立的逻辑原因还是有一定意义的。用其他的方法

223

我们也能解决同样的问题：通过构建类似的限制表达式，以便将 e 包含在连续序列。当然，这个问题也不是很明确，但如果有这样一个系列的话，它会为我们提供更全面理解 e 的可能性。希尔伯特实际上从另一个方面解决了这个问题：他在其《巴黎纲领》（*Paris Programme*）的第十二点中指出，就像指数函数在有理数中扮演的角色一样，要找出在任何代数体中发挥相同作用的函数。

由于在当今的数学体系中，处理任何给定的主题都没有合乎逻辑的理由，对于任何不熟悉数学史的人来说，所有新思想和所有新问题都零星地出现在数学中，正因为当代数学并没有为解决这些问题提供线索，所以提出类似上述的种种问题将会使数学家们对数学产生迷惑。如果使这种情况看起来是灵感和内在理解的自由创造的问题，对理想主义和信仰主义是非常有利的，且与此同时它表明当今数学无法发挥更深远的普遍意义，而这一普遍意义将给数学强大的推动力，使其吸纳所有的分支，并排同存异。如果要做到这一点，就必须根据历史与逻辑的统一来修正数学结构、方法和问题上历史与逻辑之间的鸿沟。

数学的第五道鸿沟存在于数学本身的理论和实践之间。数学的理论存在着很大的分歧且发展得也十分迅速和多元，而数学的实践——计算方法却几乎没有任何的进展；事实上，它的发展几乎一直停留在 17—18 世纪的水平上。在现状下，任何一个有意义的数学问题的根结都在实践上，最终必将归于计算方法，而数学的理论方面却相当完善。可是实际上，绝大部分的数学近年来都没有精心研究数学的实践，也没有给出完善的结果，我们关心的是数学本身而非合乎逻辑的"实在的证据（proofs of existence）"。

我们使用的计算方法从本质上可以追溯至牛顿用过的对数。大量的数学方法在理论上十分强大，实际上却没有用处，因为人们还无法确定他们的应用形式。这些数学方法包括如收敛级数、乘积、连分数、迭代、循环过程等所有表现收敛性并趋于部分失效的自我发展过程。现在数学作为资本主义自然科学整体的一部分，"纯"数学理论已经完全从应用数学中分离出来，它甚至没有提出利用计算方法、工具、表格等问题把一个给定的类型的收敛级数整体地加以分类，以便于加和得到所需的精确度，甚至纯数学并不认为这与他们神圣的科学有关。然而，这些工具的创造将给我们新的对数，这将使我们能够解决比我们现在更复杂的问题，只有最终通向主要的算术运算时，我们才认为问题得以解决。通过这种方式，还原问题将被置于全新的视野中。但是，为了弥合庞大的数学理论和较小的数学实践效力之间的距离，树立对于理论和实践统一的科学理解是十分必要的，资本主义数学今天不具备也不可能具备对于实践高于理论的理解。

第六道鸿沟存在于所谓的基础数学中，更确切地说是存在于哲学的上层建筑中——其目的是能够自圆其说，能够在整体的世界体系中具体表现它自己。在当代数学中，逻辑主义和直

觉主义这两个相互竞争的哲学体系都是唯心的。他们并不关心
是通过逻辑把数学概念的世界当作一种刚性不变的世界，还是通
过直觉把它看作一个自由活动变化的领域。不管两者是赞同罗素
的在无穷大的条件中数学概念可以还原为自然级数的观点，还是
支持威尔关于数学概念的产生源于直觉以一些独立于人的神秘方
式出现，而不是通过理性的认知和理解产生这种假说，其结果
都相同。因为这两种哲学体系同样能解决这繁多理论中自相矛
盾的论点，比如两者中间互斥的规律、少数人和多数人之间的
矛盾以及有限与无限。有极限论、元逻辑、核子物理中的精髓
都只不过表达了资本主义数学家门想要通过逻辑的面纱脱离事
实和辩证的强烈愿望，引导他们直接走向烦琐哲学的沙漠。

　　所有这些深刻的数学矛盾——单一和复杂、有限和无限、
分散和连续、附属和主要、抽象和具体、历史和逻辑、理论和
实践以及数学本身和它自身的逻辑基础之间的矛盾——事实上
都是辩证的。它们的相互渗透和抗争真正体现了数学的发展。
但是由于混乱的资本主义统治根本无法制定应对问题的计划，
数学又贯穿了整个资本主义科学以及整个资本主义体系，所以
计划的缺乏导致数学的发展遭遇严重的危机，甚至经历了一段
时间的停滞和衰退。这种对数学的影响被唯心主义和纯哲学阶
级以及整个资本主义社会极端的劳动分工所显著加强，致使我
们很难找到一个能走出自己狭隘领域而去正确理解科学的科
学家。

　　对数学来讲只有一条出路：有计划地在辩证唯物主义的

225

基础之上重建数学。然而，此刻有可能从根本上，谨慎地提及将数学和科学作为整体重建的计划吗？科学自身的发展消除了对那些个人发表的、充满灵感的创新科技著作的古老偏见。科学的学派是一直存在的，且个人的创新研究成果也根植于全人类共同的研究成果。就计划而言，在资本主义体制下，集体工作的研究所被赋予了极大的信任。无论如何，数学自身的历史以肯定的态度回答了这个问题。克莱因的厄兰格方案（Klein's Erlanger Programme）为我们提供了一个例子：该方案在1872年德国资本主义发展和繁荣的时期被提出，并实现了几何学中一次真正的革命。这个方案得到了极其富有成效的结果，而且十分值得注意的是，它建立于空间转换和寻找表现其性质的不变量的统一的理念之上。希尔伯特于1900年提出的方案则不及厄兰格方案那么成功；它并非建立在一个统一的理念之上，恰当一点说它更像所有数学分支中几个独立问题的索引。因此，尽管他镶嵌式的方案没有像厄兰格方案那样成功，但从积极的角度来讲，他也把青年数学家们的注意力引向显然不能解决的问题——作为其他引导者之一，还有来自莫斯科的格尔丰德（Gelfond）和施尼雷尔曼（Schnirelmann）。

厄兰格方案如此成功，是因为它是一个几何学方案而不是一个数学方案。几何学作为一种科学来说，比数学更加具体，它与数学相比，与事实有着更紧密的联系，而且可以为解决现实问题提供帮助。几何的问题和方法把数学拉回了"罪恶的大地"，对数学产生了十分有益的影响。

226

　　然而，这并不意味着几何学曾经超越了辅助角色，不意味着它曾像代数在数学中的地位一样在普遍抽象形式中拥有重要地位，不意味着它能比直觉意识表达更多的东西。也正是基于此观点，我们才必须考虑几何学的最新分枝——研究空间结构的不随任何一阶连续转换而变化的最基本性质的拓扑学。从拓扑学开始，已经实现了常数和变量（群论拓扑学和流形论拓扑学）的某种综合，来自莫斯科的亚历山德罗夫（Alexandrov）、庞特里亚金（Pontriagin）等学派正在有意识地努力为拓扑学提出的问题提供理论基础，这也为解决数学问题提供了大量的方法，可以把它们综合地理解为：卢斯特尼克（Lusternik）和施尼雷尔曼的拓扑学方法同样应用于差异计算。我们希望拓扑方法的研究能间接地帮助数学沿着这条路更好地前进。

　　如果上面列举的问题能被解决，我们将怎样开始我们重建数学的计划呢？当然，如果有一些人能站出来拿出现成的计划，事情会变得再简单不过，但这等于对计划本身宣判死刑，当代数学如此多的分支将使我们所需要的计划被集体的工作所中止。如此的规划，只有在一个经济和科技都有着良好规划的国家才能实现。因为它依赖于科学研究机构以及实验室的研究经验，依赖于整个国家的工业、农业和运输业的需求。它绝不仅仅是科学家和工程师们在会议上的一个象征性提议，其实质上，必将导致收集工作量的加大，且必须由辩证唯物主义提供理论基础。

　　以此，我们无法忽略马克思、恩格斯以及列宁的著作中的在数学及数学史上有所建树的内容。我们应该认真研究与这个主题相关的一切文献，例如：恩格斯的《反杜林论》（*Anti-Duhring*）和《自然辩证法》（*Naturdialektik*）、列宁的《唯物主义和经验批判主义》等哲学著作，以及其他领域，尤其是经济方面的著作。迄今为止，马克思关于数学及其历史的著作有五十多篇，不久将由位于莫斯科的马克思－恩格斯研究所出版，这些著作在方法论上具有重大意义和价值。

我们必须按照马克思列宁主义理论、辩证唯物主义哲学和他们详尽的研究其发展趋势的问题来研究数学史。首先，我们需要研究帝国主义时期和无产阶级革命时期的数学的发展。在辩证唯物主义的基础上，继续研究资产阶级数学先驱克莱因（Klein）的著作，在其中我们发现除了经验批判主义之外，还有自发唯物主义的基本要素，而相关书籍出版工作也正在进行中。我们必须把注意力集中在主要数学概念的发展上，尤其是导数、微分、极限等重要概念。我们必须建立数学真正科学的分类；研究代数学作为算术学和分析学中间纽带的重要性，研究有限差方程和它与分析学的联系，并研究分歧级数等一些"被忽视的"数学分支；我们需要弄清楚数学暂时回避这些问题的原因，确定数论在数学中的地位，并研究数论及整个数学结构的发展。

除了所有这些理论问题之外，还有其他一些问题体现在苏联数学家们的实际工作程序中，并直接关系到苏联社会主义的建设。

228 　　我们现在来看一下整个苏联的计算机构，该机构的任务是研究出新的计算方法，以解决社会主义工业、交通体系、集体化、农业工业化中出现的数学问题；这个机构将成为全国的科学研究机构解决数学问题的最得力助手。

　　统计学在社会主义计划经济、经济中心统筹和分配问题（列宁强调了其重要性）、货物的合理运输等问题中起着十分重要的作用。它的应用体现出数学亟待解决的第一类问题。

　　第二类问题涉及产品标准化、产品最佳状态、传送带问题和企业的合理化创立和倒闭问题。

　　在符合社会建筑比例的绘制地图的方法与地形学的完美结合的过程中产生了第三类数学问题；这对苏联这样一个在其沙皇制时期的资本主义经济体制下拥有丰富的未被探明的自然资源的国家来说，有着十分重要的意义。

　　还有第四类不易被充分理解的问题，它关系到地球内部物质的统计，关系到建筑工业的迅速发展，还关系到航天器械的建造等领域。

　　只有社会主义计划经济中才存在着这样的问题，它需要多种数学分支的复杂结合（例如：与微分几何结合的概率计算，概率及变更计算，数论和变更计算等）。伴随着大量有效的数学研究结果的产生和广泛的科学理论研究工作，一系列复杂的数学问题应运而生。计划经济并不意味着扼杀创新工作，工人阶级的生力军增大了科学家们的阶级跨度，图书馆和研究机构应敞开怀抱接纳这新生力量，因为只有相互团结才能迎来数学的繁荣。

这里无法解决从高职学院到大学的各个教育阶段数学教学重组的重要问题。

为了解决所有的这些理论和实践的矛盾，克服当代数学危机，沿着社会主义路线重建数学，需要有持久的耐心和坚持不懈的努力，还需要全苏联数学家以及资本主义国家中与我们在同一战线的科学家们共同的努力。应从列宁主义理论和实践相统一的理论出发，我们苏联要重建数学科学。承认列宁主义的科学非公正的原则，我们将把数学置于社会主义建设的服务之上，并以此使它免于资本主义不可避免的衰败。

229

卡尔·马克思关于数学、自然科学、技术以及这些学科历史的未发表文字的简短介绍

科尔曼

以下这些卡尔·马克思的未发表的文字是在莫斯科的马克思 – 恩格斯学院找到的:

A. 马克思摘录了以下自然科学作品,并做了笔记:

1. 奥托·卡斯帕利(Caspari, Otto):莱布尼茨的哲学,从力和物质的基本物理概念的角度阐释。(1878)

2. 雷蒙(Du Bois, Raymond):《近代自然科学中的莱布尼茨思想》(1878)

3. 阿道夫·菲克(Fick, Adolf):《自然力的相互关系》(1876)

4. 乔尔丹诺·布鲁诺(Giordani Bruni Nolani):三重极小值,思辨科学的三种尺度,诸多主动适宜行为的原则。(1851)

5. 勒内·笛卡尔(Descartes, Rene):《形而上学与数学小品》(1878)

6. 波普(Poppe, J. H. M.):《数学史》(1853—1854, 1867—1868)

7. 波普（Poppe, J. H. M.）：《十八世纪和十九世纪初期的力学》（1853—1854）

8. 霍斯皮塔利尔（Hospitalier, E.）：《电学的主要应用》（1880—1883）

9. 艾利恩·格兰特（Alien Grant）：《地质学和历史》（1880—1881）

10. 朱克斯（Jukes, J. B.）：《地质学学生手册》（1878）

11. 莱伊尔（Lyell, Ch.）：《地质学原理》（1869）

12. 弗拉斯（Fraas, C.）：《时间中的气候与植物界》（1878）

13. 施莱登（Schleiden, M. J.）：《动植物生理学和植物学理论》（1876） 234

14. 兰克（Ranke, J.）：《人类生理学基础》（1876）

15. 李比希（Liebig, J.）：《有机化学在农业和生理学中的应用》（1867）

16. 约翰斯通（Johnston, J. F. W.）：《农业化学和地质学讲稿》（1851）

17. 约翰斯通（Johnston, J. F. W.）：《农业化学和地质学问答集》（1851）

18. 约翰斯通（Johnston, J. F. W.）：《农业化学和地质学原理》（1878）

19. 伦敦（London, J. C.）：《农业百科全书》（1851）

20. 李比希（Liebig, J.？）：《宫廷里的埃米尔·沃尔夫博士

先生与农业化学》（1855）①

21. 考夫曼（Kaufman）：《银行业理论与实践》（1878）

22. 贝克曼（Beckmann, J.）：《发明史论集》（1860）

23. 波普（Poppe, J. H. M.）：《科学重建以来的技术史》（1853—1854）

24. 波普（Poppe, J. H. M.）：《通用技术教程》(1853—1854)

25. 尤尔（Ure, A.）：《技术辞典》（1853—1854）

26. 瓦格纳（Wagner, J. R.）：《金属及其加工》（1878）

27. 哈姆（Hamm, W. ?.）：《英国的农业机械设备》（1845）②

B.《数学手稿》包括31种不同的算术、代数、解析数学和几何学，以及19份独立数学作品的草稿和研究。另外，政治经济学问题中也大量运用了数学：差额地租、流通过程、剩余价值率、利润率和危机问题。

C. 与技术有关的著作，主要可追溯到1863年，涉及以下问题：

1. 磨的历史，从古代磨到蒸汽磨。

235

2. 第二种主要的机器类型——织布机的历史。

3. 机器系统的自动生产问题（以纸的生产和机器结构

---

① 出版时间为译者所补。——译者注

② 同上。

为例）。

4．从工具到机器，从机器到机器系统的发展。

5．1815—1863 年间，生产机械化和合理化对英国纺织工业发展和工人阶级地位的影响。

6．技术发展不同阶段社会生产制度的变化，劳动与科学的关系、城乡之间的关系等。